芒果种质资源雄花光镜与花粉扫描电镜图解

Illustration of Male Flower Light Microscope and Pollen Scanning Electron Microscope on Mango Germplasm Resources

吴晓鹏　高爱平　徐　志　主编

中国农业出版社
农村读物出版社
北　京

编写人员 •••

主　编　吴晓鹏（中国热带农业科学院分析测试中心）

　　　　　高爱平（中国热带农业科学院热带作物品种资源研究所）

　　　　　徐　志（中国热带农业科学院分析测试中心）

副主编　张琼尹（中国热带农业科学院分析测试中心）

　　　　　罗睿雄（中国热带农业科学院热带作物品种资源研究所）

　　　　　许　啸（中国热带农业科学院分析测试中心）

　　　　　文景玉（中国热带农业科学院橡胶研究所）

参　编（以姓氏笔画为序）

　　　　　王光瑛（中国热带农业科学院热带作物品种资源研究所）

　　　　　王莹莹（中国热带农业科学院热带作物品种资源研究所）

　　　　　杜　邦（攀枝花市农林科学研究院）

　　　　　李后红（中国热带农业科学院热带作物品种资源研究所）

　　　　　赵志常（中国热带农业科学院热带作物品种资源研究所）

　　　　　翁良娜（中国热带农业科学院分析测试中心）

　　　　　黄建峰（中国热带农业科学院热带作物品种资源研究所）

　　　　　喻华平（中国热带农业科学院热带作物品种资源研究所）

　　　　　谢　轶（中国热带农业科学院分析测试中心）

　　　　　魏婷婷（中国热带农业科学院热带作物品种资源研究所）

Foreword 前 言

　　芒果（*Mangifera indica* L.）又名杧果、马蒙、抹猛果、莽果、望果、蜜望、蜜望子、檬、檬果，为漆树科、芒果属植物，为世界第二大热带水果，素有"热带果王"之美誉，栽培历史已4 000余年，是世界上栽培历史较悠久的果树之一。据记载，我国栽培的芒果最早是唐代从印度引入的，至今已有1 300余年历史。

　　世界五大洲均有芒果种植，但主要分布在亚洲、非洲和美洲等热带和亚热带地区，包括100多个国家和地区，2020年，全球芒果种植面积为552.29万 hm²，产量为5 483.11万 t，按照栽培面积世界生产国前10名依次为印度、中国、印度尼西亚、巴基斯坦、墨西哥、泰国、菲律宾、科特迪瓦、尼日利亚和埃及。其中印度的芒果生产面积占世界生产面积的46.68%；我国占6.51%，主要分布在广西、云南、海南、四川、台湾、广东、贵州和福建等地。

　　芒果色、香、味俱佳，果实营养丰富，富含糖、蛋白质、脂肪、碳水化合物及维生素。既宜鲜食，又适加工，可满足消费者对果品多样化的需求。研究表明，芒果富含多酚等天然抗氧化剂，具有抗氧化、防治心脑血管疾病等功效。中医认为芒果的果皮、果核及芒果树的树叶、树皮均可入药。果皮为利尿峻下剂；果核具有一定的补肾、祛肾寒功效，还可祛痰止咳；芒果叶具有免疫调节功能，可作为强心剂、利尿剂；芒果树皮可充当收敛剂，用于治疗白喉和风湿病。但我国对芒果叶的利用较少，除了常用作中药药材外，目前只作为原料生产芒果止咳片。果树木材坚硬，耐海水，宜作舟车或家具等。树冠球形，常绿，郁闭度大，为热带良好的庭园和行道树种。

据统计，芒果属（*Mangifera*）植物约有69个种，其中大多数种类原产于马来半岛、印度尼西亚群岛、中南半岛。包括普通芒果（*Mangifera indica* L.）在内该属至少有26个种的果实可以食用，这些种类主要集中在东南亚地区，其野生种在印度、斯里兰卡、孟加拉国、缅甸、泰国、柬埔寨、越南、老挝、中国、马来西亚、新加坡、印度尼西亚、文莱、菲律宾、巴布亚新几内亚以及所罗门群岛和加罗林群岛都有分布。

芒果为多年生常绿乔木；叶互生，全绿，革质有光泽，叶面平直或呈波状、扭曲或反卷；花序顶生或腋生，圆锥花序，直立，生有短毛。有雄花和两性花两种，花小。雄花子房退化，花萼5裂，花瓣5～6枚，淡黄色、鲜黄色或深黄色，花瓣基部有黄色或紫色条纹，花盘肉质，5浅裂，花冠直径2～14mm，雄花的花药产生花粉，是两性花授粉的主要来源，花朵凋谢后会脱落，不能长出果实。两性花在同一朵花中有雌雄两种花蕊，既可以自身完成授粉，也可以借助外界的帮助完成授粉。两性花的花药比花柱略高，花瓣绝大多数为5枚，雌蕊淡黄色，1枚，子房上位，1室，无柄，直接着生于蜜盘中央，胚珠倒生，花柱斜垂于子房上。花药颜色有浅紫色、紫红色和玫瑰红色。芒果多为异花授粉果树，少数品种亦能自花结实；核果大，肉质细腻；种子扁，有纤维。花朵绝大多数为两性花和雄花类型，为保证所取花粉表面形态完整，本书中花粉的电镜拍摄样品选取的是主产花粉的雄花。

农业农村部儋州芒果种质资源圃，长期致力于国内外芒果种质资源收集、保护、评价和创新利用，前期科技人员已经开展了大量的种质资源鉴定评价工作，并获得了较丰硕的成果，但对孢粉形态学研究涉及较少。在近一年时间内，中国热带农业科学院不同学科领域的科技专家们开展了联合攻关，利用资源圃现有的芒果种质资源材料，对我国主要芒果栽培品种、次要栽培品种以及部分种质资源的芒果雄花以及花粉的形态学进行较细致的研究和分析。

花粉是种子植物的微小孢子堆，成熟的花粉粒实为其小配子体，能产生雄性配子。花粉由雄蕊中的花药产生，到达雌蕊后，能够使胚珠授粉。

大多数被子植物的花药具有四个小孢子囊，少数具有两个。小孢子囊内分化出孢原细胞，孢原细胞进一步发育分裂，将来分别发育成花药壁和小孢子母细胞。每个小孢子母细胞经过减数分裂后，产生四个单倍体细胞，即小孢子四分体。小孢子继续发育直至形成成熟的雄性配子体——花粉粒。当花药裂开时，花粉粒便从四分体中释放出来。

花粉粒在四分体中朝内的部分称为近极面，朝外的部分称为远极面。连接花粉近极面中心点与远极面中心点的假想中的一条线，称为极轴，与极轴成直角相交的一条线称为赤道轴，沿花粉两极之间表面的中线为赤道。在有极性的花粉中，可以分为等极、亚等极和异极3个类型。花粉通常是对称的，有辐射对称和左右对称两种不同的对称性。

各类植物的花粉各不相同。花粉多为球形，赤道轴长于极轴的称为扁球形；特别扁的称为超扁球形；相反的，极轴长于赤道轴的称为长球形，特别长的称为超长球形。花粉在极面观察（简称"极面观"）呈圆形、角状、裂片状，等等；在赤道面观察（简称"赤道面观"）呈圆形、椭圆形、菱形、方形等。花粉形态是孢粉分析的基础，对于探究植物起源、分化及鉴定、解释地层化石孢粉具有重要意义，花粉形态研究可为分类的鉴定和花粉分析中化石花粉的鉴定提供依据，同时也为植物系统发育的研究提供有价值的资料。

芒果雄花是芒果坐果的主要授粉来源，根据芒果品种的不同，芒果花粉形状、大小、外壁纹路等性状具有不同程度的差异，利用扫描电镜对芒果雄花花粉孢粉学方法进行研究，可见多数花粉呈现长球形和超长球形，多数具有3沟，沟长达两极，轮廓带有细条纹网状雕纹。芒果花粉的表面微观形态研究可为区分不同品种提供依据，有助于进一步提高芒果遗传育种水平。

　　本书内容和资料新颖详实，图文并茂，论述简明，以期为孢粉学中芒果花粉的形态鉴别提供可靠依据，为芒果的授粉生物学提供详尽的基本素材，为从事芒果种质资源研究和育种提供有益的借鉴和指导。

　　本书是在"中央级公益性科研院所基本科研业务费专项"（1630082022004、1630082022005）、国家香蕉产业技术体系"芒果资源评价与新种质创制"（CARS-31-05）岗位、海南省重点研发计划"具优异农艺性状的核心芒果种质资源的保护和利用"（ZDYF2020052）、农业农村部热作种质资源保护项目"芒果种质资源保护"和海南省农业农村厅农业种质资源保护项目"芒果种质资源收集保存及评价利用"等项目的支持下，由中国热带农业科学院的一线中青年专家，根据前期的自主研究成果积累和近一年来最新实验结果等编写而成。本书的出版将为国内外从事芒果科研和教学等相关工作的单位和人员提供有价值的参考，为芒果花粉生物学基础研究提供理论和数据支撑。限于时间和水平，本书的不妥之处在所难免，敬请同行和读者批评指正。

编者　于海口

2022年7月

Content

目　录

第1章　材料与方法

1　材料

本书进行显微观测的60份芒果种质资源材料由农业农村部儋州芒果种质资源圃与农业农村部芒果种质资源保护四川创新基地提供（表1–1、表1–2）。选摘已有雄花开放的芒果种质资源花序置培养皿中，于−20℃冰箱存放备用。

表1–1　资源名单

序号	资源名称	序号	资源名称	序号	资源名称
1	台农1号	21	玉文6号	41	青皮
2	金煌	22	杉林1号	42	田阳香芒
3	贵妃	23	马切苏	43	马亚
4	凯特	24	四季芒	44	吕宋
5	桂热82号	25	红凯特	45	金龙
6	帕拉英达	26	澳芒	46	红云芒
7	圣心	27	金兴	47	红鹰芒
8	桂热10号	28	台农2号	48	陈皮香芒
9	台芽	29	白玉	49	红孩儿
10	白象牙	30	粤西1号	50	黄象牙
11	红象牙	31	攀育3号	51	热品2号
12	红玉	32	攀育5号	52	热品5号
13	椰香	33	秋红	53	热品6号
14	桂热3号	34	秋芒	54	热品10号
15	热品16号	35	龙井大芒	55	13–1
16	三年芒	36	紫花	56	苹果芒
17	攀育2号	37	红苹芒	57	布鲁克斯
18	爱文	38	桃芒	58	多特
19	南逗迈4号	39	瓦城	59	格雷厄姆
20	景东晚芒	40	福建本地芒	60	佩里

表1-2　资源分类

分类	资源名称
主要栽培品种	台农1号、金煌、贵妃、凯特、桂热82号、帕拉英达、圣心、桂热10号
次要栽培品种	台芽、白象牙、红象牙、红玉、椰香、桂热3号、热品16号、三年芒、红凯特、澳芒、金兴、攀育2号、爱文、南逗迈4号、景东晚芒、玉文6号、杉林1号、马切苏、四季芒
其他种质资源	台农2号、白玉、粤西1号、攀育3号、攀育5号、秋红、秋芒、龙井大芒、紫花、红苹芒、桃芒、瓦城、福建本地芒、青皮、田阳香芒、马亚、吕宋、金龙、红云芒、红鹰芒、陈皮香芒、红孩儿、黄象牙、热品2号、热品5号、热品6号、热品10号、13-1、苹果芒、布鲁克斯、多特、格雷厄姆、佩里

2　超景深显微镜制样与拍摄

选取花瓣形态相对饱满、含水量高、无虫害与白粉病或伤害极小的花朵作为超景深显微镜拍摄样品。

用镊子轻取花，放置于超景深光学显微镜样品台中，调整样品台高度与显示亮度，调整合适的放大倍数进行观察与拍摄，使用仪器型号为KEYENCE VHX-6000超景深光学显微镜。

3　扫描电镜制样与显微观测

雄花花朵的功能主要是产生花粉。芒果花朵绝大多数为两性花和雄花，为保证所取样品形态完整，本研究选取的是盛开的雄花花朵中的花粉样品。

将样品整体置于红外线治疗仪下烘烤2h，待样品表面呈现干燥无水的状态，用镊子取下花药，在粘有导电炭胶的样品台上滑动翻滚，促使花粉被轻粘于导电炭胶上，用常规方法在Quorμm SC7620离子溅射仪上溅射式喷镀合金，镀金时间为60s。用ZEISS ∑I GMA场发射扫描电子显微镜进行花粉表面形态观察、测量并拍摄。

每份芒果种质资源的芒果花粉测量以25个花粉的平均值作为统计数据。

第2章 芒果超景深显微镜与扫描电镜形态

第1节 主要栽培品种

1 台农1号

台农1号（Tainoung No.1）芒果是台湾省凤山热带园艺分所用海顿（Haden）与爱文（Irwin）杂交选育而成的早熟品种。该品种果实美观，味香，清甜爽口，果汁多，糖分高，纤维少，耐贮藏，在台湾当地很受欢迎。

该品种树冠矮小，扁圆形，枝梢较短，叶片窄小，节间短，抗风抗病力强。容易成花，着果率高，丰产，早熟，果实卵形，较扁，平均单果重200～300g。成熟时果皮橘黄色，向阳面呈淡红色或仅具红晕，皮面具光泽，果肉橙黄色，肉质细嫩，纤维极少，可溶性固形物含量为20%，具有本地种的浓烈香味，外观美丽，果肉深色。较耐贮运，种子占果重12%。该品种是以鲜食为主、加工为辅的兼用品种。

该品种为圆锥花序，顶生，具雄花和两性花，雄花小，花萼4裂，花瓣4～5，花盘肉质，5浅裂。花瓣呈淡黄色，具3～5条黄色突起脉纹（图2-1）。

图2-1 台农1号花朵在超景深显微镜下的形态

Fig 2-1　The morphology of Tainoung No.1 flower by super depth of field microscope

台农1号芒果花粉呈长球形，极轴长35.54μm±1.12μm，赤道轴长16.25μm±0.58μm，极轴长/赤道轴长（P/E）为2.19。赤道面观呈椭圆形，具3沟，沟长达两极，沟界极区小。外壁表面具清楚的网状雕纹，网眼分布不均匀，形状和大小不一，网脊表面平滑连续（图2-2）。

图2-2 台农1号花粉在扫描电镜下的形态

Fig 2-2 The morphology of Tainoung No.1 pollen by scanning electron microscope

1.花粉群体 2.赤道面观 3.极面观 4.局部放大

1. Pollen population 2. Equatorial view 3. Polar view 4. Partial enlarged

2 金煌

金煌（Chiin Hwang）芒果是由台湾果农黄金煌先生以凯特（Keitt）为父本、白象牙（White Ivory）为母本，杂交后选育而成。

金煌芒花穗大，每穗着生小花达2 000～3 000朵，而最终能收获的果数平均每穗不到1个。因为金煌芒在小果阶段养分不足时落果现象十分严重，果实的抗病性也明显减弱，易感病害造成病斑果，因此减少芒果开花结果时的养分消耗，做好果实生长发育期的营养管理，是获取丰产优质芒果的关键。金煌芒一般在1—3月开花，开花期可利用蜜蜂或丽蝇（金头蝇）帮助授粉。放蜜蜂的方法与荔枝等果树相同。花小，杂性，排成顶生的圆锥花序；花萼4～5裂；花瓣4～5，分离或与花盘合生，花朵初期花瓣呈淡黄色，花瓣内带微深嫩黄色，后期花瓣颜色逐渐加深为红褐色（图2-3）。

图2-3　金煌芒花朵在超景深显微镜下的形态

Fig 2-3　The morphology of Chiin Hwang flower by super depth of field microscope

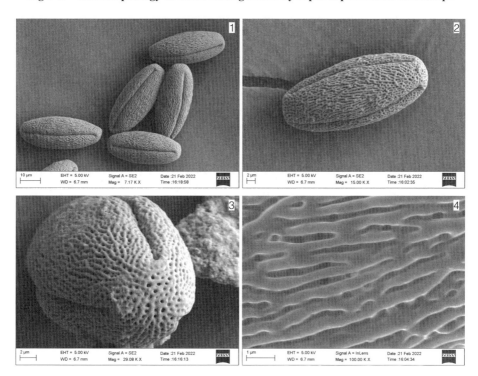

图2-4　金煌芒花粉在扫描电镜下的形态（1）

Fig 2-4　The morphology of Chiin Hwang pollen by scanning electron microscope（1）

1.花粉群体　2.赤道面观　3.极面观　4.局部放大

1. Pollen population　2. Equatorial view　3. Polar view　4. Partial enlarged

花粉形态一：长球形，极轴长36.43μm±2.02μm，赤道轴长15.59μm±0.61μm，P/E为2.34。赤道面观呈椭圆形，具3沟，沟长达两极，沟界极区小。外壁表面具清楚的网状雕纹，网眼分布不均匀，形状和大小不一，网脊表面平滑连续（图2-4）。

花粉形态二：球形，极轴长24.03μm±1.22μm，赤道轴长18.43μm±0.74μm，P/E为1.3。赤道面观呈圆形，具3沟，沟长达两极。外壁表面具清楚的网状雕纹，网眼分布不均匀，形状和大小不一，网脊表面平滑连续（图2-5）。

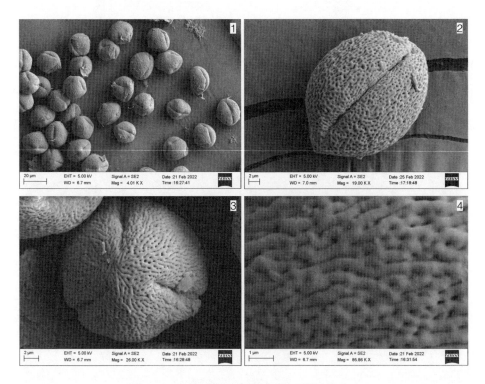

图2-5　金煌芒花粉在扫描电镜下的形态（2）

Fig 2-5　The morphology of Chiin Hwang pollen by scanning electron microscope（2）

1.花粉群体　2.赤道面观　3.极面观　4.局部放大

1. Pollen population　2. Equatorial view　3. Polar view　4. Partial enlarged

3 贵妃

贵妃（Guifei）又名红金龙（Hong Jinlong），台湾省选育品种，1997年引入海南省。

该品种长势强壮，早产、丰产，4～5年生，嫁接树单株产量为20～30kg或更高，年年结果，结果量不亚于台农1号，故在海南已经成为主栽品种之一。果实长椭圆形，果顶较尖小，果形近似吕宋芒，单果重80～500g。未成熟果紫红色，成熟后底色深黄，盖色鲜红，果皮艳丽吸引人。在收获期天旱而光照充足时，果实较耐贮运，味甜芳香，一般无松香味。种子单胚。

该品种花小，杂性，圆锥花序，顶生，花萼5裂，花瓣5。花盘肉质，5浅裂。花朵初期花瓣呈淡黄色，花瓣内带微深嫩黄色，具3～5条棕褐色突起脉纹，后期花瓣颜色逐渐加深为红褐色（图2-6）。

200 μm

1 000 μm

图2-6 贵妃芒花朵在超景深显微镜下的形态

Fig 2-6 The morphology of Guifei flower by super depth of field microscope

该品种花粉呈长球形，极轴长37.01μm±1.56μm，赤道轴长19.62μm±1.21μm，P/E为1.89。赤道面观呈椭圆形，具3沟，沟长达两极。外壁表面具网状雕纹，网眼细，形状和大小均匀，网脊表面平滑连续（图2-7）。

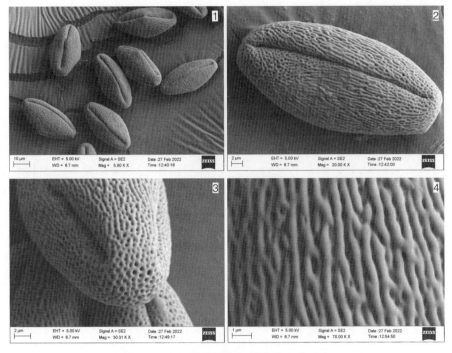

图2-7 贵妃芒花粉在扫描电镜下的形态

Fig 2-7　The morphology of Guifei pollen by scanning electron microscope

1.花粉群体　2.赤道面观　3.极面观　4.局部放大

1. Pollen population　2. Equatorial view　3. Polar view　4. Partial enlarged

4　凯特

凯特（Keitt）是美国佛罗里达1947年从Mulgoba开放授粉的实生后代中选育出的品种，为世界上分布广泛的著名晚熟半矮化品种，在我国金沙江干热河谷区域的四川攀枝花市、云南华坪县等地区栽培较多，其他中晚熟区域有少量栽培。

凯特芒果卵形，单果重800～1 300g，果形指数1.3。果腹凸出，腹肩有明显的沟，有"果鼻"。果皮较光滑，密布小斑点。青果暗紫色，杂有暗紫色的晕，但在阳光充足的地方盖色粉红；成熟后底色黄绿，盖色鲜红。果肉黄色至橙黄色，组织细密，纤维极少，熟果香气怡人，果肉味甜，芳香，质地腻滑，纤维少，品质优。可溶性固形物含量为15%～16%，可食部分占82.4%，种子仅占果重的5.5%。种子扁薄，椭圆形，纤维稀少，种脉凸出，种壳较薄。

该品种为圆锥花序，顶生，具雄花和两性花，雄花较小，花萼5裂，花瓣4～5。花盘肉质，5浅裂。花朵初期花瓣呈淡黄色，具3～4条黄色突起脉纹，后期花瓣颜色逐渐加深为红色，脉纹加深至红褐色（图2-8）。

图2-8 凯特花朵在超景深显微镜下的形态

Fig 2-8 The morphology of Keitt flower by super depth of field microscope

该品种花粉呈长球形，极轴长42.90μm±2.71μm，赤道轴长18.79μm±2.54μm，P/E为2.28。赤道面观呈椭圆形，具3沟，沟长达两极。外壁表面具细的网状雕纹，形状不规则（图2-9）。

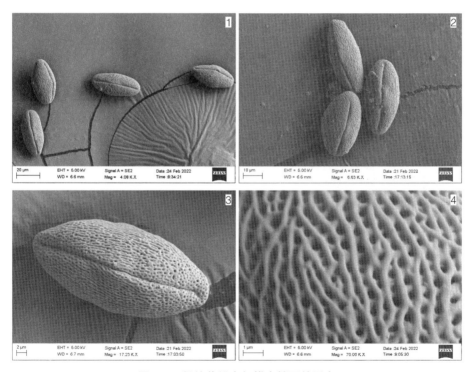

图2-9 凯特花粉在扫描电镜下的形态

Fig 2-9 The morphology of Keitt pollen by scanning electron microscope

1.花粉群体 2.花粉群体 3.赤道面观 4.局部放大

1. Pollen population 2. Pollen population 3. Equatorial view 4. Partial enlarged

5　桂热82号

桂热82号（Guire No.82）芒果是从秋芒的实生变异单株中选育出的中熟品种，在广西也被称为桂七芒、田东青芒。

该品种树势中庸，树姿开张，树冠卵圆形，中矮。叶片中大，椭圆状披针形，叶基狭楔形，叶尖长，尾渐尖，叶面有光泽，叶缘轻度上卷，呈浅波状。果实长椭圆形。单果重205～240g。成熟果皮深绿色，后熟果皮淡绿至绿色。果肉黄色，纤维少，蜜甜浓香，肉质细嫩，每100g果肉维生素C含量为6.95mg，可溶性固形物含量为23.6%，总糖含量为17%，总酸含量为0.51%，可食率约为73%。核扁薄，长椭圆形，多胚。鲜食品质极好，也宜作果汁加工品种。

该品种为圆锥花序，顶生，具雄花和两性花，雄花较小，花萼4裂，花瓣5。花盘肉质，5浅裂。花朵花瓣呈淡黄色带红褐色斑点，具3～5条黄色突起脉纹（图2-10）。

该品种花粉呈长球形，较细长。极轴长43.46μm±1.91μm，赤道轴长16.91μm±2.11μm，P/E为2.57。赤道面观呈椭圆形，具3沟，沟长达两极。外壁表面具网状雕纹，网眼形状和大小不一，网脊较光滑少突起（图2-11）。

**图2-10　桂热82号花朵在超景深
　　　　显微镜下的形态**

**Fig 2-10　The morphology of Guire No.82
　　　　flower by super depth of field
　　　　microscope**

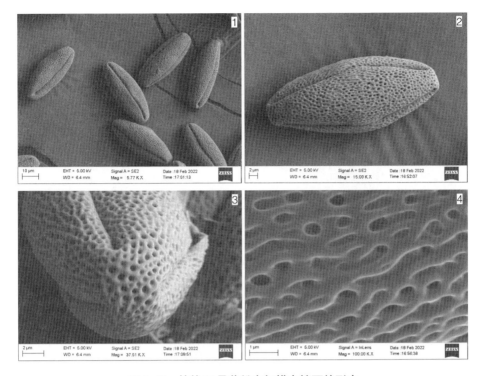

图2-11 桂热82号花粉在扫描电镜下的形态

Fig 2-11 The morphology of Guire No.82 pollen by scanning electron microscope

1.花粉群体 2.赤道面观 3.极面观 4.局部放大

1. Pollen population 2. Equatorial view 3. Polar view 4. Partial enlarged

6 帕拉英达

帕拉英达（Palayingda）是从缅甸引种的驯化品种，高产、抗病，是鲜食加工均佳的品种。树势中等，树冠圆头形，主干粗糙、灰色；叶片披针，叶片质地厚革质，花期2月上旬至3月上旬，6—8月成熟，果近似象牙形，单果重320g左右，成熟果皮黄色，果肉金黄色，果肉细腻、纤维少，可溶性固形物含量为18%～20%，可食部分达82%左右。

该品种花轴浅黄绿色，花小，杂性，圆锥花序，顶生，花萼5裂，花瓣5。花盘肉质，5浅裂。花朵初期花瓣呈淡黄色带小红斑点，具4～5条棕褐色突起脉纹，后期花瓣颜色逐渐加深为黄褐色（图2-12）。

该品种花粉呈球形，极轴长26.26μm±1.62μm，赤道轴长21.86μm±1.61μm，P/E为1.20。赤道面观呈椭圆形，极面观呈近三角形，整体饱满；具3沟，沟长达两极。外壁表面具条纹状雕纹，形状不规则（图2-13）。

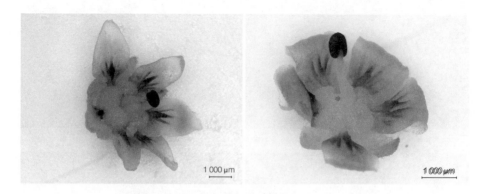

图2-12　帕拉英达花朵在超景深显微镜下的形态

Fig 2-12　The morphology of Palayingda flower by super depth of field microscope

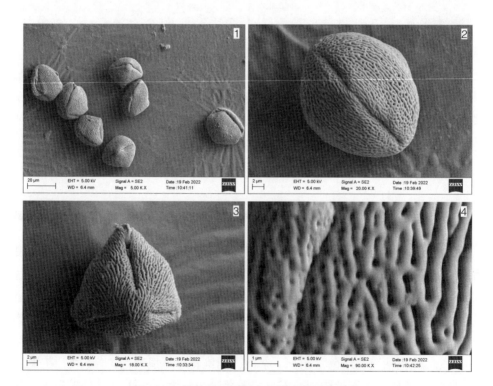

图2-13　帕拉英达花粉在扫描电镜下的形态

Fig 2-13　The morphology of Palayingda pollen by scanning electron microscope

1.花粉群体　2.赤道面观　3.极面观　4.局部放大

1. Pollen population　2. Equatorial view　3. Polar view　4. Partial enlarged

7　圣心

圣心（Sensation）芒原产于美国佛罗里达州，亲本不详，1949年命名，20世纪80年代引入我国海南。果花小，杂性，圆锥花序，顶生，花萼5裂，花瓣5，具3条黄色突起脉纹。花盘肉质，5浅裂。花药颜色为浅紫色。花朵花瓣呈浅紫色，带斑点（图2–14）。

该品种果实卵圆形，中等大小，单果250～300g，青熟果果皮光滑，底色绿色，盖色紫红色，皮孔多、小、白色，果粉薄，完熟果底色黄色，盖色深红色，光线充足时红色覆盖面达90%以上。果肉橙黄色，肉质细滑，纤维少，汁液丰富，可食率为77.0%，可溶性固形物含量为15.8%，味甜，芳香，有淡松香味，品质中上至良好。

该品种花粉呈长球形，极轴长33.81μm±4.07μm，赤道轴长20.79μm±2.44μm，P/E为1.63。赤道面观呈椭圆形，极面观呈近圆形，具3沟，沟长达两极。外壁表面具网状雕纹，网眼形状和大小不一，网脊光滑（图2–15）。

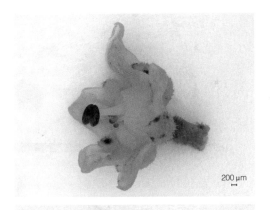

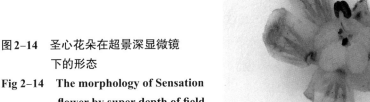

图2–14　圣心花朵在超景深显微镜
　　　　　下的形态

**Fig 2–14　The morphology of Sensation
　　　　　flower by super depth of field
　　　　　microscope**

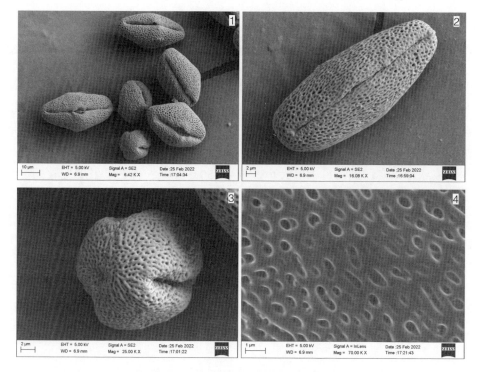

图2-15　圣心花粉在扫描电镜下的形态

Fig 2-15　The morphology of Sensation pollen by scanning electron microscope

1.花粉群体　2.赤道面观　3.极面观　4.局部放大

1. Pollen population　2. Equatorial view　3. Polar view　4. Partial enlarged

8　桂热10号

桂热10号（Guire No.10）芒果是广西壮族自治区亚热带作物研究所从黄象牙芒实生后代中选出的优良变异单株，在广西百色地区栽培较多。

该品种花小，杂性，圆锥花序，顶生，花萼4裂，花瓣5。花盘肉质，5浅裂。开放小花，花瓣底色为乳白色，带些许斑点，花瓣中部呈现黄色，底部具3～4条黄褐色突起脉纹（图2-16），有一年多次开花习性，两性花为15.9%。树势强壮，单果重350～550g，果实长椭圆形，果嘴有明显指状物突出，果皮碧绿色，成熟时果皮呈黄色至深黄色。果肉橙黄色，质地细嫩，纤维少，汁液丰富，鲜食品质优良，可食率达71%以上，味蜜甜、芳香、果核扁平，多胚，高产稳产，抗白粉病。

图 2-16　桂热 10 号花朵在超景深显微镜下的形态

Fig 2-16　The morphology of Guire No.10 flower by super depth of field microscope

该品种花粉呈长球形，极轴长 33.05μm±2.02μm，赤道轴长 19.99μm±1.42μm，P/E 为 1.65。极面观呈近圆形，赤道面观呈椭圆形，具 3 沟，沟长达两极。外壁表面具粗条纹网状雕纹，形状不规则，网脊光滑连续（图 2-17）。

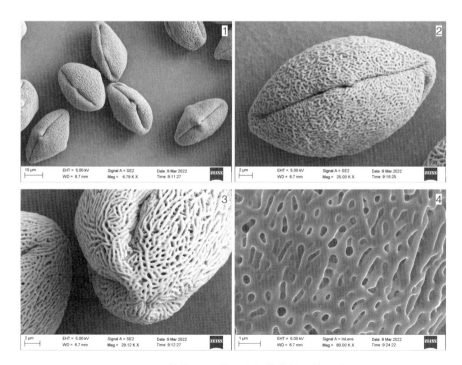

图 2-17　桂热 10 号花粉在扫描电镜下的形态

Fig 2-17　The morphology of Guire No.10 pollen by scanning electron microscope

1. 花粉群体　2. 赤道面观　3. 极面观　4. 局部放大

1. Pollen population　2. Equatorial view　3. Polar view　4. Partial enlarged

第2节 次要栽培品种

1 台芽

台芽（Taiya）又称台牙芒，是我国台湾选育的优良早中熟品种，目前我国海南、广西主产区有小规模栽培，云南、四川和广东等主产区还处于试种阶段，其产量和果实品质均可与贵妃芒相媲美。

该品种树冠椭圆形，枝条粗壮、直立，圆锥花序，花序长20～30cm，宽10～15cm，小花密度中等，具雄花和两性花，两性花占20%。花轴紫红色，花期较早，花小，性杂，顶生，花萼5裂，花瓣5。花盘肉质，5浅裂。花药颜色为深紫色。花朵花瓣呈淡黄色，具3～5条黄色突起脉纹（图2-18）。果实长卵形，单果重350～600g，果肩斜平，果腹红色，向阳面（或果肩）常呈玫瑰色。成熟时底色黄色，盖色紫红色。果面光洁、果粉多，果肉厚，橙黄色，无纤维，肉质细滑，多汁；果肉组织疏松，质地软。可溶性固形物含量为14%～17%，总酸含量为0.08%，可食率为71%。种子长卵形，占果重的10%～15%，单胚。

图2-18 台芽花朵在超景深显微镜下的形态

Fig 2-18 The morphology of Taiya flower by super depth of field microscope

该品种花粉呈长球形，极轴长37.96μm±2.38μm，赤道轴长19.37μm±0.93μm，P/E为1.96。赤道面观呈椭圆形，具3沟，沟长达两极。外壁表面具网状雕纹，形状不规则，网脊光滑连续（图2-19）。

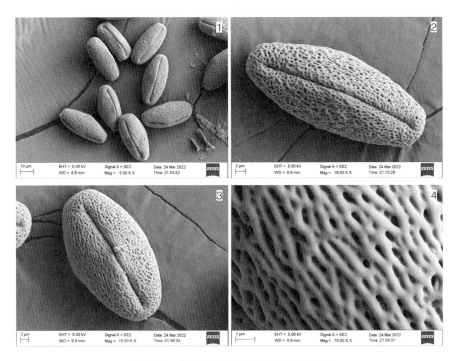

图2-19 台芽花粉在扫描电镜下的形态

Fig 2-19 The morphology of Taiya pollen by scanning electron microscope

1. 花粉群体 2. 赤道面观 3. 赤道面观 4. 局部放大

1. Pollen population 2. Equatorial view 3. Equatorial view 4. Partial enlarged

2 白象牙

白象牙（Nang KlangWun、White 或 White Ivory）芒原产于泰国，20世纪30年代传入我国海南。树冠呈圆锥形，枝条长而粗壮。叶片长椭圆披针形，圆锥花序，花序较粗大，顶生，具雄花和两性花，雄花较小，顶生，花萼4裂，花瓣4。花盘窄小。花瓣呈淡黄色，花瓣内带微深嫩黄色，具有黄色脉纹（图2-20）。果实较长而顶部呈钩状，形似象牙，平均单果重300～350g，果肩小，稍斜平，果背直或微弯。果腹凸，果窝较深，果喙明显但较平，果顶略呈钩状，整个果实较圆厚，果皮较光滑、呈浅黄色或黄色。果肉浅黄色或乳黄色，质地腻滑，无纤维，汁液丰富，可食率达70%以上，可溶性固形物含量为15.8%～17.0%，每100g果肉维生素C含量为22.5mg，总酸含量为0.18%，味清甜，品质上乘。种仁发育中度饱满，多胚。该品种较早熟、丰产、稳产，较耐贮运，货架期较长。

图 2-20　白象牙花朵在超景深显微镜下的形态

Fig 2-20　The morphology of White Ivory flower by super depth of field microscope

该品种花粉呈长球形，极轴长 37.48μm±2.47μm，赤道轴长 17.39μm±1.62μm，P/E 为 2.16。赤道面观呈椭圆形，具 3 沟，沟长达两极。外壁表面呈细网纹状，网眼形状和大小不一，网脊表面平滑连续（图 2-21）。

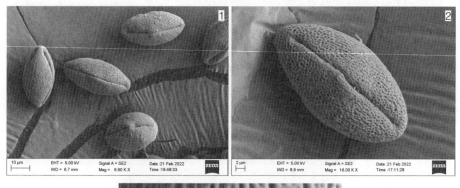

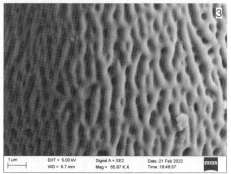

图 2-21　白象牙花粉在扫描电镜下的形态

Fig 2-21　The morphology of White Ivory pollen by scanning electron microscope

1. 花粉群体　2. 赤道面观　3. 局部放大

1. Pollen population　2. Equatorial view　3. Partial enlarged

3 红象牙

红象牙（Red Ivory）是原广西农学院于20世纪80年代初从"象牙26"的品种实生后代中筛选出的优良单株，因其嫩叶、花及果实均为鲜艳的红色，果实椭圆形带弯似象牙而得名。曾经是我国广西、云南、海南、四川等区域的主要栽培品种，现在我国广西、四川和云南等区域仍然有一定面积种植。树势壮旺，树体直立高大，树冠呈圆锥形。枝条长而粗壮。叶片长椭圆披针形。平均单果重250～400g，挂果期果皮向阳面鲜红色，外形美观。果肉黄色，可食部分占78%，可溶性固形物含量为14%～16%，细嫩坚实，纤维少，风味稍淡，品质中等。

该品种为圆锥花序，花序较粗大，顶生，具雄花和两性花，雄花较小，花萼5裂，花瓣6。花盘肉质，5浅裂。花朵初期花瓣呈淡黄色，花瓣内带微深嫩黄色，具3条棕褐色突起脉纹，后期花瓣颜色逐渐加深为红褐色（图2-22）。

该品种花粉呈长球形，极轴长30.90μm±2.87μm，赤道轴长18.95μm±2.09μm，P/E为1.63。极面观呈近圆形，赤道面观呈椭圆形，具3沟，沟长达两极。外壁表面具条纹状雕纹，形状不规则，网脊光滑连续（图2-23）。

500 μm

500 μm

图 2-22 红象牙花朵在超景深显微镜下的形态

Fig 2-22 The morphology of Red Ivory flower by super depth of field microscope

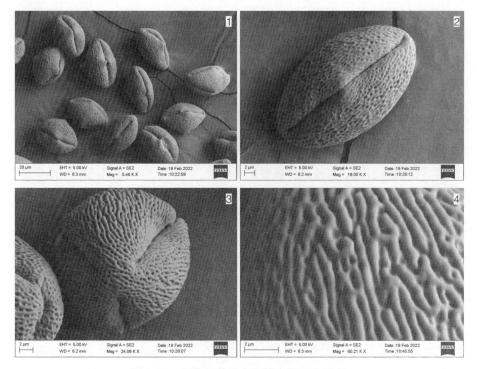

图2-23 红象牙花粉在扫描电镜下的形态

Fig 2-23 The morphology of Red Ivory pollen by scanning electron microscope

1.花粉群体 2.赤道面观 3.极面观 4.局部放大

1. Pollen population 2. Equatorial view 3. Polar view 4. Partial enlarged

4 红玉

红玉（Hongyu）是中国热带农业科学院热带作物品种资源研究所从海南昌江选育出的本地品种，原产不详。该品种树冠圆头形，枝条较苗壮。叶片椭圆披针形，中等大小，叶基圆钝，叶尖急尖或渐尖，叶缘微波浪，叶面常呈扭曲状。单果重200~350g，果实长椭圆形，青熟果果皮绿色、光滑，有明显而较密的花纹，皮孔多、大、白色，完熟果果皮深黄色至橙黄色，果柄较细，常披薄薄的白粉状蜡质层。果肉淡黄色、细滑坚实，纤维少，汁液较多，可溶性固形物含量为18%~21.6%，总糖含量为16.2%~18.6%，总酸含量为0.223%~0.521%，可食率达76%~80%，味甜或甜带微酸，芳香。种仁发育饱满，多胚。

该品种为圆锥花序，顶生，具雄花和两性花，雄花较小，花萼4~5裂，花瓣5。花盘肉质，5浅裂。花朵初期花瓣呈淡黄色，具3~4条黄色突起脉纹，后期花瓣脉纹加深至红褐色（图2-24）。

图 2-24　红玉花朵在超景深显微镜下的形态

Fig 2-24　The morphology of Hongyu flower by super depth of field microscope

该品种花粉呈长球形，极轴长 37.89μm±2.95μm，赤道轴长 17.80μm±1.47μm，P/E 为 2.13。赤道面观呈椭圆形，极面观呈近圆形，具 3 沟，沟长达两极。外壁表面具网状雕纹，网眼较小，形状和大小不一（图 2-25）。

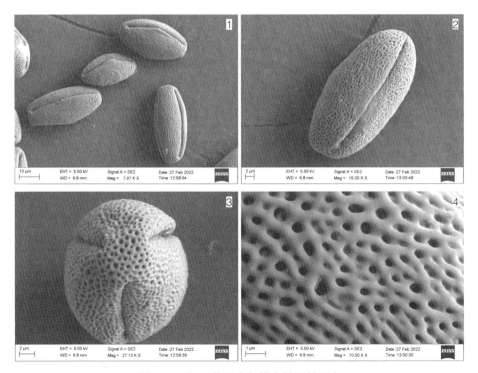

图 2-25　红玉花粉在扫描电镜下的形态

Fig 2-25　The morphology of Hongyu pollen by scanning electron microscope

1.花粉群体　2.赤道面观　3.极面观　4.局部放大

1. Pollen population　2. Equatorial view　3. Polar view　4. Partial enlarged

5 椰香

椰香（Deshehari、Dusari、Dasheri、Dusehri或Dussehri）又名鸡蛋芒，18世纪在印度北部勒克瑙选育出，为印度的主要商业品种，在我国海南、四川等地有一定面积栽培。其树势中等偏强，树冠呈椭圆形，分枝较多，枝条粗壮。叶片深绿色，较小，尖端较尖，叶缘有波纹。嫩梢，初生梢叶淡绿色稍带淡紫色。果实卵状至长椭圆形，平均单果重120～200g，果皮光滑，成熟时果皮黄绿色或深黄色。果肉深黄色至橙黄色。果肉组织致密，纤维少，果汁少，肉质腻滑，品质优。可溶性固形物含量为16%～18%，总糖含量为15%～16.8%，总酸含量为0.08%～0.16%，可食率达60%～68%，种仁位于种壳中下部，种子单胚。

该品种为圆锥花序，顶生，具雄花和两性花，雄花较小，花萼4～5裂，花瓣4～5。花盘肉质，浅裂。花朵初期花瓣呈浅绿色，具3～5条黄色突起脉纹，后期花瓣颜色逐渐加深为淡黄色，脉纹加深至红褐色（图2-26）。

该品种花粉呈长球形，极轴长28.46μm±1.66μm，赤道轴长16.71μm±1.53μm，P/E为1.70。赤道面观呈椭圆形，极面观呈圆形，具3沟，沟长达两极。外壁表面具条纹网状雕纹，网眼形状和大小不一（图2-27）。

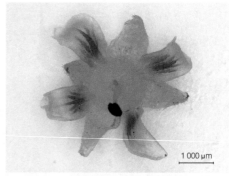

图2-26 椰香花朵在超景深显微镜下的形态
Fig 2-26 The morphology of Deshehari flower by super depth of field microscope

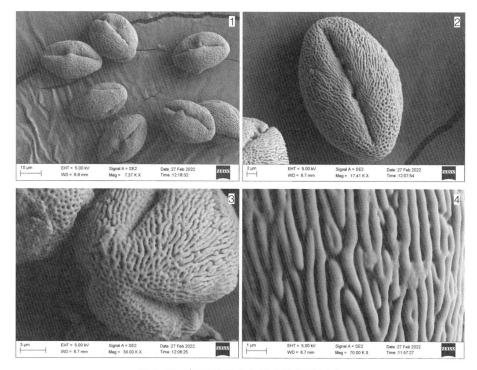

图 2-27　椰香花粉在扫描电镜下的形态

Fig 2-27　The morphology of Deshehari pollen by scanning electron microscope

1. 花粉群体　2. 赤道面观　3. 极面观　4. 局部放大

1. Pollen population　2. Equatorial view　3. Polar view　4. Partial enlarged

6　桂热 3 号

桂热 3 号（Guire No.3）是广西壮族自治区亚热带作物研究所选育的芒果优良晚熟新品种，具有质优、晚熟、丰产等特性。2018 年通过热带作物品种审定委员会审定，同时被农业农村部列入"十三五"推广品种。其树冠中矮，树势中庸至健旺，树姿较开张。叶片椭圆披针形，叶尖渐尖，叶基狭楔形，叶缘浅波浪状，叶面平展至轻度上卷。果实椭圆形，平均单果重 220～280g。青熟果果皮绿色，成熟时果皮黄色，果梗垂直，果面光滑，果肩平，果洼浅，无果窝，无果颈。果肉金黄至橙黄色，肉质细腻，纤维中等，果汁多，味甜芳香，可溶性固形物含量为 16%～19%，可食率为 71% 左右。果核长椭圆形，多胚。

该品种为圆锥花序，顶生，具雄花和两性花，雄花较小，花萼 5 裂，花瓣 5～6。花盘肉质，5 浅裂。花朵花瓣呈淡黄白色，具 3 条以上黄色突起脉纹（图 2-28）。

该品种花粉呈长球形，极轴长35.64μm±1.62μm，赤道轴长17.62μm±1.44μm，P/E为2.02。极面观呈近圆形，赤道面观呈椭圆形，具3沟，沟长达两极。外壁表面具网状雕纹，网眼形状和大小不规则（图2-29）。

图2-28　桂热3号花朵在超景深显微镜下的形态

Fig 2-28　The morphology of Guire No.3 flower by super depth of field microscope

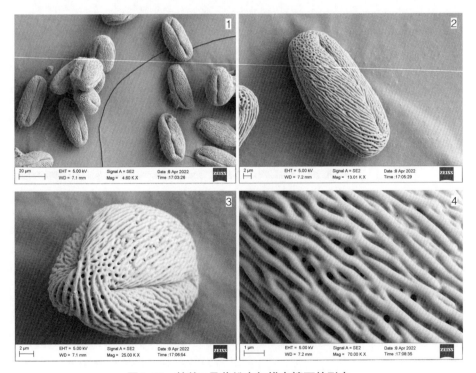

图2-29　桂热3号花粉在扫描电镜下的形态

Fig 2-29　The morphology of Guire No.3 pollen by scanning electron microscope

1.花粉群体　2.赤道面观　3.极面观　4.局部放大

1. Pollen population　2. Equatorial view　3. Polar view　4. Partial enlarged

7　热品16号

热品16号（Repin No.16）是中国热带农业科学院热带作物品种资源研究所从海顿芒开放授粉的后代中选育出的优良品种。其树冠伞形。叶片顶端渐尖，基部楔形，叶缘折叠形，主脉明显。嫩叶古铜色，老叶浓绿色。果实椭圆形，果皮光滑，平均单果重322.8～409.0g。成熟时果皮黄色至橙黄色，香味浓郁，肉质细腻嫩滑，纤维少，多汁，可食率为72.5%～82%，可溶性固形物含量为15.0%～18.2%。品质优，丰产稳产，综合抗性好，树形紧凑，易管理。果核表面凹陷、脉络交叉、种仁椭圆形，单胚。

该品种为圆锥花序，顶生，具雄花和两性花，雄花较小，花萼4裂，花瓣5。花盘肉质，浅裂。花药颜色为浅紫色。花朵花瓣呈淡黄色，具5～6条黄色突起脉纹（图2-30）。

该品种花粉呈长球形，极轴长37.46μm±1.11μm，赤道轴长16.39μm±1.61μm，P/E为2.29。赤道面观呈椭圆形，极面观呈近圆形，具3沟，沟长达两极。外壁表面具网状雕纹，网眼较小，形状和大小不一，网脊光滑无突起（图2-31）。

图2-30　热品16号花朵在超景深显微镜下的形态
Fig 2-30　The morphology of Repin No.16 flower by super depth of field microscope

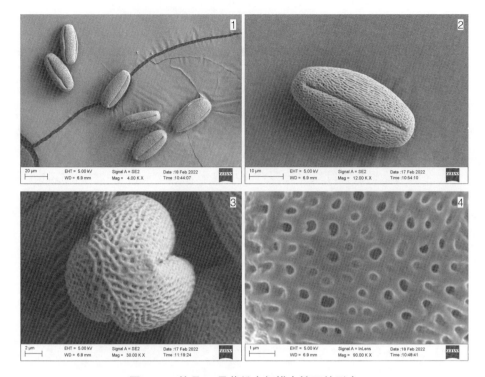

图2-31　热品16号花粉在扫描电镜下的形态

Fig 2-31　The morphology of Repin No.16 pollen by scanning electron microscope

1. 花粉群体　2. 赤道面观　3. 极面观　4. 局部放大

1. Pollen population　2. Equatorial view　3. Polar view　4. Partial enlarged

8　三年芒

三年芒（Sannian Mango）为我国云南地方品种，栽培历史已经有数百年。其树冠圆头形，较矮小，果实卵形或斜长卵形，较扁。平均单果重100～200g。果肩较平，果洼浅，果腹凸出，果窝深，青果黄绿色，成熟果皮金黄色，果皮光滑。果肉金黄色，组织较致密，纤维中等，香味浓郁，味甜，可溶性固形物含量为15%～18%，总糖含量约为14.8%，总酸含量约为0.46%，可食率为68%～75%。种子椭圆形，种壳厚，种脉隆起；种仁椭圆形，位于种子的中上部，多胚。味酸甜，香气浓，品质中上。早产、早熟、耐贮藏，鲜食及加工皆宜。

该品种花小，杂性，圆锥花序，顶生，花萼5裂，花瓣5。花盘肉质，5浅裂。花朵花瓣呈淡黄色，具3条红褐色突起脉纹（图2-32）。

该品种花粉呈近球形，极轴长22.01μm±1.49μm，赤道轴长18.24μm±

1.64μm，P/E为1.21。极面观呈近三角形，赤道面观呈椭圆形，具3沟，沟长达两极。外壁表面具网状雕纹，网眼小，分布不均匀，形状和大小不一（图2-33）。

图2-32　三年芒花朵在超景深显微镜下的形态

Fig 2-32　The morphology of Sannian Mango flower by super depth of field microscope

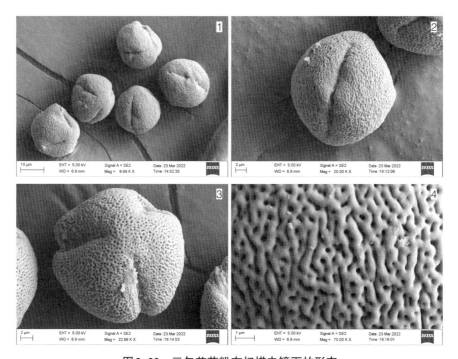

图2-33　三年芒花粉在扫描电镜下的形态

Fig 2-33　The morphology of Sannian Mango pollen by scanning electron microscope

1.花粉群体　2.赤道面观　3.极面观　4.局部放大

1. Pollen population　2. Equatorial view　3. Polar view　4. Partial enlarged

9 攀育2号

攀育2号（Panyu No.2）芒果是攀枝花市农林科学研究院从乳芒实生后代

图2-34 攀育2号花朵在超景深显微镜下的形态

Fig 2-34 The morphology of Panyu No.2 flower by super depth of field microscope

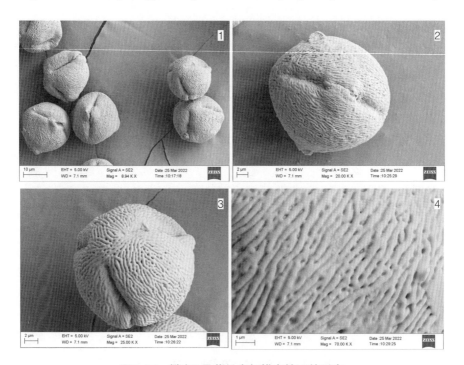

图2-35 攀育2号花粉在扫描电镜下的形态

Fig 2-35 The morphology of Panyu No.2 pollen by scanning electron microscope

1.花粉群体　2.赤道面观　3.极面观　4.局部放大

1. Pollen population　2. Equatorial view　3. Polar view　4. Partial enlarged

中选育出的优良单株,具有生长势强、丰产稳产,果形外观好、优美端正,口感上佳、肉质滑腻、纤维极少等特点。果实长椭圆形,大小适中,外观色泽好,果皮果粉厚,肉质细腻,风味浓甜,鲜食品质上乘,可溶性固形物含量为21.0%～22.3%。

该品种为圆锥花序,顶生,具雄花和两性花,雄花较小,花萼5裂,花瓣4～5。花盘肉质,5浅裂。花朵花瓣呈淡黄色,具4～6条黄色突起脉纹(图2-34)。

该品种花粉呈近球形,极轴长21.63μm±1.56μm,赤道轴长16.41μm±0.98μm,P/E为1.32。极面观呈圆形,可见3沟将汇聚;赤道面观呈椭圆形,具3沟,沟长达两极。外壁表面具条纹网状雕纹,形状不规则,网脊光滑连续(图2-35)。

10 爱文

爱文(Irwin)是来自美国佛罗里达的品种,1945年从印度第三代Lippens实生树中选出,1986年引入我国海南。树冠圆头形,枝条较开展。叶卵状椭圆披针形,小或中等,叶基楔形,叶尖渐尖。单果重250～400 g,果实卵形,基部圆,果大。果梗细、斜生,果顶圆、无喙,果实中等大。成熟果实底色橙黄,盖色红色,皮孔白色较小,果皮较厚。果肉橙黄色,纤维少,香甜软滑,多汁,肉厚。可溶性固形物含量为14%～19%,可食率为75%～80%。种子长椭圆形,纤维少,短而细,种脉凸出。种仁椭圆形,占种子的2/3,居中,种子单胚。

该品种为圆锥花序,顶生,具雄花和两性花,雄花较小,花萼5裂,花瓣5。花盘肉质,5浅裂。花药颜色为红褐色。花朵花瓣呈淡黄色,具3～4条黄色突起脉纹(图2-36)。

该品种花粉呈长球形,极轴长35.52μm±1.94μm,赤道轴长20.50μm±1.43μm,P/E为1.73。赤道面观呈椭圆形,极面观呈近圆形,具3沟,沟长达两极。外壁表面具网状雕纹,网眼较小,形状和大小不一,网脊光滑无突起(图2-37)。

图2-36　爱文花朵在超景深显微镜下的形态

Fig 2-36　The morphology of Irwin flower by super depth of field microscope

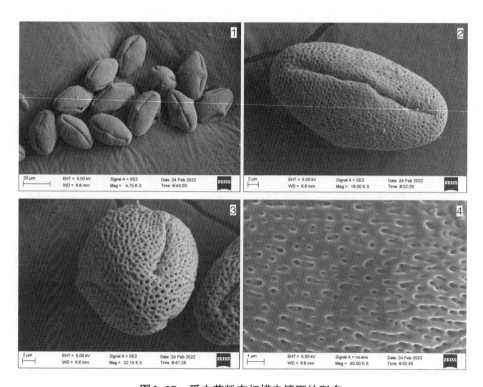

图2-37　爱文花粉在扫描电镜下的形态

Fig 2-37　The morphology of Irwin pollen by scanning electron microscope

1.花粉群体　2.赤道面观　3.极面观　4.局部放大

1. Pollen population　2. Equatorial view　3. Polar view　4. Partial enlarged

11 南逗迈4号

南逗迈4号（Nam Doc Mai或Nam Dok Mai）芒又叫金百花芒，树冠圆头形，枝条苗壮，长度中等或较短，叶片多而密，分枝较多，叶片椭圆披针形。果实呈长椭圆形，平均单果重约350g。果顶较尖小，果窝浅或无，果喙明显而钝。青熟果浅绿色或粉绿色，成熟时金黄色，果皮光滑。果肉金黄色至深黄色，组织致密，纤维少，味浓甜，芳香。可溶性固形物含量为19.8%，可食率为78.9%。种子长椭圆形，种壳薄，种仁近弯月形，多胚。

该品种为圆锥花序，顶生，具雄花和两性花，雄花较小，花萼5裂，花瓣5。花盘肉质，5浅裂。花瓣呈绿白色，具3条黄色突起脉纹（图2–38）。

该品种花粉呈长球形，极轴长38.45μm±0.99μm，赤道轴长16.27μm±1.06μm，P/E为2.36。赤道面观呈椭圆形，极面观呈圆形，具3沟，沟长达两极。外壁表面具条纹网状雕纹，网眼较小，形状不规则（图2–39）。

500 μm

500 μm

图2–38　南逗迈4号花朵在超景深显微
　　　　镜下的形态

**Fig 2–38　The morphology of Nam Doc
　　　　Mai flower by super depth of
　　　　field microscope**

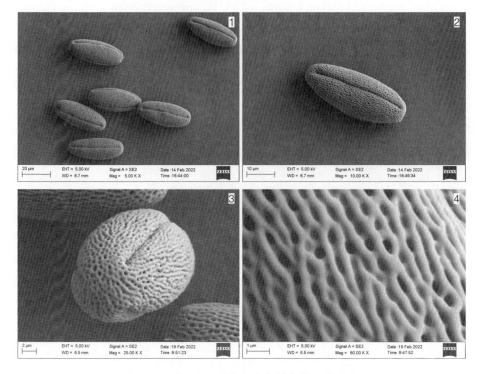

图2–39　南逗迈4号花粉在扫描电镜下的形态

Fig 2–39　The morphology of Nam Doc Mai pollen by scanning electron microscope

1. 花粉群体　2. 赤道面观　3. 极面观　4. 局部放大

1. Pollen population　2. Equatorial view　3. Polar view　4. Partial enlarged

12　景东晚芒

　　景东晚芒（Jingdongwan Mango）是云南省景东彝族自治县从象牙芒的芽变中选育出的晚熟品种。果大光滑，成熟期较其他芒果晚90d以上，具有味甜芳香、质地腻滑、组织细密、营养丰富等特点。果实呈象牙形，平均单果重300～450g，青熟果果皮绿色，成熟时果皮黄绿色，果梗垂直，果面光滑，皮孔密，果肩平，无果洼，果窝深，果颈微凸。果肉浅黄色，肉质细腻，纤维少，果汁多，味甜芳香，可溶性固形物含量为17%～20%，可食率为76%左右，品质上乘。果核长椭圆形，多胚。

　　该品种为圆锥花序，顶生，具雄花和两性花，雄花较小，花萼5裂，花瓣5。花盘肉质。花朵初期花瓣呈淡黄色，具3～4条黄色突起脉纹，后期花瓣颜色逐渐转变为浅紫色，脉纹转变至红褐色（图2-40）。

图 2-40　景东晚芒花朵在超景深显微镜下的形态

Fig 2-40　The morphology of Jingdongwan Mango flower by super depth of field microscope

该品种花粉呈长球形，极轴长 35.92μm ± 1.54μm，赤道轴长 15.66μm ± 1.61μm，P/E 为 2.29。极面观呈近圆形，赤道面观呈椭圆形，具 3 沟，沟长达两极。外壁表面具网状雕纹，网眼分布不均匀，形状和大小不一，网脊连续光滑（图 2-41）。

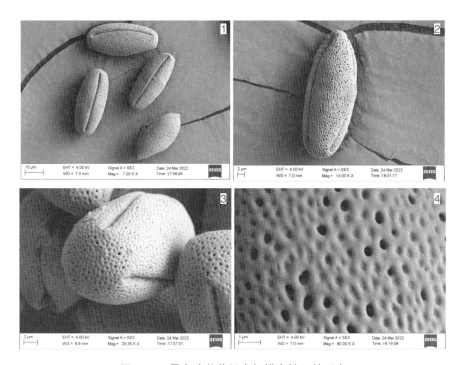

图 2-41　景东晚芒花粉在扫描电镜下的形态

Fig 2-41　The morphology of Jingdongwan Mango pollen by scanning electron microscope

1. 花粉群体　2. 赤道面观　3. 极面观　4. 局部放大

1. Pollen population　2. Equatorial view　3. Polar view　4. Partial enlarged

13 玉文6号

玉文6号（Yuwen No.6）芒果原产台湾台南县玉井乡，母本为金煌，父本为爱文。其树势生长壮旺，树冠较高大，枝条粗而长，新梢紫红色，老熟枝条绿色。叶片长椭圆披针形，叶尖渐尖，叶缘微皱、轻度上卷，嫩叶紫红色，老叶绿色。花期在1月下旬至4月上旬，果熟期7月中旬至8月下旬，属迟熟品种。果长椭圆形，单果重622g，可食率为70.7%，含糖量为16%～19%，可溶性固形物含量为20.1%；果皮紫红，果肉金黄或橙黄色，果核薄、纤维稍多，酸甜适中，果肉细腻，具较浓的芒果香味。

该品种为圆锥花序，顶生，具雄花和两性花，雄花较小，花萼5裂，花瓣5。花盘肉质，5浅裂。花朵花瓣呈淡黄色，具3～4条黄色突起脉纹（图2-42）。

该品种花粉呈长球形，极轴长36.41μm±1.69μm，赤道轴长18.98μm±2.22μm，P/E为1.92。赤道面观呈椭圆形，具3沟，沟长达两极。外壁表面具条纹网状雕纹，形状不规则（图2-43）。

500 μm

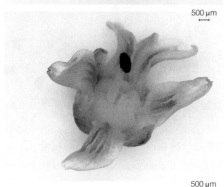

500 μm

图2-42 玉文6号花朵在超景深显微镜下的形态

Fig 2-42 The morphology of Yuwen No.6 flower by super depth of field microscope

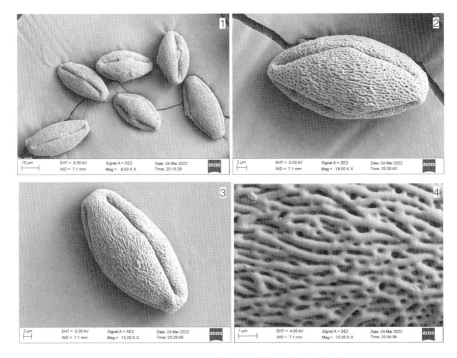

图 2-43　玉文 6 号花粉在扫描电镜下的形态

Fig 2-43　The morphology of Yuwen No.6 pollen by scanning electron microscope

1. 花粉群体　2. 赤道面观　3. 赤道面观　4. 局部放大

1. Pollen population　2. Equatorial view　3. Equatorial view　4. Partial enlarged

14　杉林 1 号

杉林 1 号（Shanlin No.1）是台湾由海顿与圣心杂交培育成的红芒品种。1991 年前后，由高雄县杉林乡果农林广莹先生在自己的果园中发现，并以当地地名命名。其树冠较矮，树势中庸至健旺。果实卵圆形，果形略扁，平均单果重 480～600g，成熟果皮橙带红色，果面光滑，果肉金黄色，肉质细腻，纤维少，味清甜，香气浓，果汁多，果实坚硬，耐贮运，可溶性固形物含量为 15%～19%，可食率为 75%～81%，单胚。高产稳产，品质中上，抗病性强。

该品种为圆锥花序，顶生，具雄花和两性花，雄花较小，花萼 5 裂，花瓣 5。花盘肉质，5 浅裂。花朵初期花瓣呈淡黄色，具 3 条黄色突起脉纹，后期花瓣颜色逐渐加深为浅紫色，脉纹加深至红褐色（图 2-44）。

该品种花粉呈球形，极轴长 21.62μm±1.04μm，赤道轴长 24.36μm±0.61μm，P/E 为 0.89。赤道面观和极面观都呈近圆形，具 3 沟，沟长达两极。

外壁表面具细条纹网状雕纹，形状不规则（图2-45）。

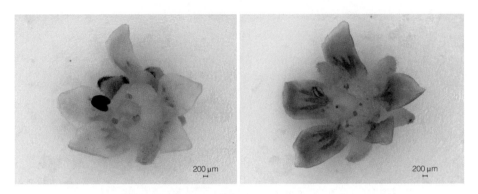

图2-44　杉林1号花朵在超景深显微镜下的形态

Fig 2-44　The morphology of Shanlin No.1 flower by super depth of field microscope

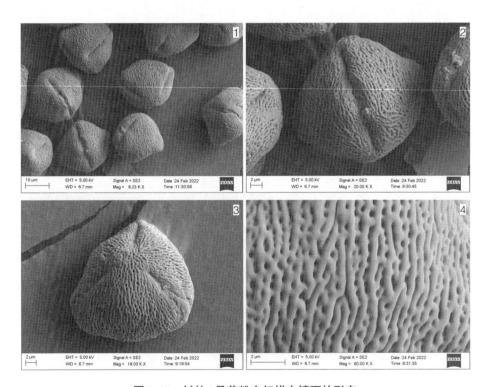

图2-45　杉林1号花粉在扫描电镜下的形态

Fig 2-45　The morphology of Shanlin No.1 pollen by scanning electron microscope

1.花粉群体　2.赤道面观　3.极面观　4.局部放大

1. Pollen population　2. Equatorial view　3. Polar view　4. Partial enlarged

15　马切苏

马切苏（Macheso）芒树势中等偏弱。树冠圆头形，分枝较多、较细。叶片椭圆披针形，尖端渐细长，叶面较平直。嫩梢叶淡红色，成熟叶深绿色。果实椭圆形，有明显的腹沟与果喙，平均单果重200～350g，青果黄绿色，成熟果皮为黄色，果皮光滑。果肉橙黄色，组织致密，纤维中等偏少，可溶性固形物含量为16%～20%，总酸含量为0.48%，每100g果肉维生素C含量为62mg，可食率为74%，味甜酸，未成熟果有松香味，成熟后无。结果早，产量高，晚熟，品质一般。

该品种为圆锥花序，顶生，具雄花和两性花，雄花较小，花萼5裂，花瓣5～6。花盘肉质，5浅裂。花朵花瓣呈白色，具3～4条黄色突起脉纹（图2-46）。

该品种花粉呈球形，极轴长24.36μm±1.92μm，赤道轴长21.62μm±1.74μm，P/E为1.13。赤道面观呈椭圆形，极面观呈近圆形，具3沟，沟长达两极。外壁表面具网状雕纹，网眼形状和大小不规则（图2-47）。

500 μm

图2-46　马切苏花朵在超景深显微镜下
　　　　的形态

**Fig 2-46　The morphology of Macheso
flower by super depth of field
microscope**

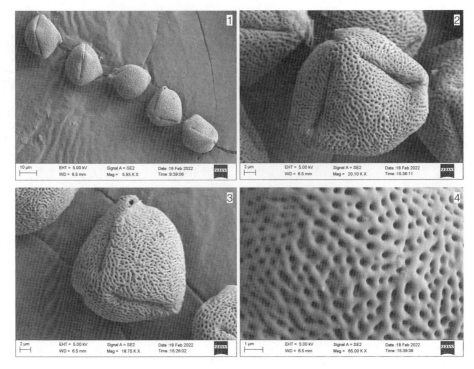

图2-47 马切苏花粉在扫描电镜下的形态

Fig 2-47 The morphology of Macheso pollen by scanning electron microscope

1.花粉群体 2.赤道面观 3.极面观 4.局部放大

1. Pollen population 2. Equatorial view 3. Polar view 4. Partial enlarged

16 四季芒

四季芒（Chok Anan、Chokanan、Chooke Anan）是从泰国引种的驯化品种，树形较矮，枝条粗壮，萌芽力强，具有多次成花、花果同期的特性。树干呈灰白色，老的枝干上布满气孔。气孔形状多为圆形或近圆形，其上有纵裂纹。果实生长期100~110d，成熟期集中在7月上旬至8月中旬。果实椭圆形，单果重200~300g，果洼浅，微具果嘴，果顶长，成熟时果皮黄色，果肉浅黄至金黄色，肉质细腻，纤维中等，果汁多，味浓甜，可溶性固形物含量为18%~21%，可食率为77%~82%，果核长椭圆形，多胚。该品种果实耐贮运，货架期长，结果树上果实黄熟前不易落果，耐肥，耐剪，树体恢复快，抗性强，适应性广。其经济性状与原产地栽培相似，表现较好，是目前反季栽培芒果生产较好的品种。

该品种花序长圆锥形，主花期2—3月，花小，杂性，顶生，花萼5裂，花瓣5。花盘肉质，浅裂。花朵花瓣呈白色，具3~5条红褐色突起脉纹（图2-48）。

500 μm

图 2-48　四季芒花朵在超景深显微镜下的形态
Fig 2-48　The morphology of Chok Anan flower by super depth of field microscope

　　该品种花粉呈长球形，较细长。极轴长 40.98μm ± 2.10μm，赤道轴长 18.33μm ± 1.41μm，P/E 为 2.24。赤道面观呈椭圆形，具 3 沟，沟长达两极。外壁表面具网状雕纹，网眼形状和大小不规则（图 2-49）。

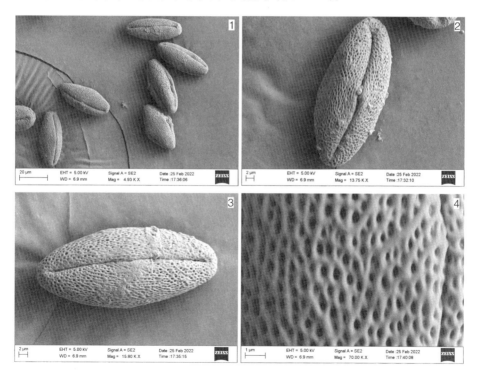

图 2-49　四季芒花粉在扫描电镜下的形态
Fig 2-49　The morphology of Chok Anan pollen by scanning electron microscope

1. 花粉群体　2. 赤道面观　3. 赤道面观　4. 局部放大
1. Pollen population　2. Equatorial view　3. Equatorial view　4. Partial enlarged

17 红凯特

红凯特（Red Keitt）是由凯特与爱文杂交培育而成的新品种。果形似金煌芒，具色泽鲜艳、丰产稳产、品质优良、抗病性强等优点。单果重最大可达6kg，一般果重在1.3kg左右；果卵圆形，皮光滑，呈紫红色，熟后呈鲜红色；果肉淡黄，极少纤维，果肉较细嫩，可食率达84.2%左右，口味较淡，含糖量约为13.4%，可溶性固形物含量为19.7%。果实较耐贮藏，经温水处理后常温下可贮藏16d左右。

该品种为圆锥花序，顶生，具雄花和两性花，雄花较小，花萼5裂，花瓣5。花盘肉质，5浅裂。花朵初期花瓣为淡黄色带小斑点，具3条黄色及紫色突起脉纹，后期花瓣颜色逐渐加深为浅紫色，脉纹颜色加深（图2-50）。

该品种花粉呈长球形，极轴长39.22μm±1.95μm，赤道轴长18.32μm±2.32μm，P/E为2.14。极面观呈近三角形，赤道面观呈椭圆形，具3沟，沟长达两极。外壁表面具网状雕纹，网眼小，分布不均匀，形状和大小不一（图2-51）。

图2-50 红凯特花朵在超景深显微镜下的形态

Fig 2-50 The morphology of Red Keitt flower by super depth of field microscope

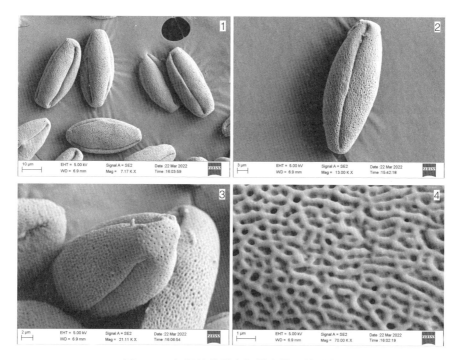

图 2-51　红凯特花粉在扫描电镜下的形态

Fig 2-51　The morphology of Red Keitt pollen by scanning electron microscope

1. 花粉群体　2. 赤道面观　3. 极面观　4. 局部放大

1. Pollen population　2. Equatorial view　3. Polar view　4.Partial enlarged

18　澳芒

　　澳芒（R2E2）是澳大利亚培育的晚熟芒果品种，由 Kensington Pride 和 Kent 的杂交后代选育而成。2009 年开始从澳大利亚进入中国市场，在我国台湾、广西、海南、云南等地均有种植。

　　该品种粗生易管，早结，有大小年结果现象，果实圆球形，呈淡红色。平均单果重 500～1 500g。成熟果皮黄色，果面光滑，果肩凸起，果洼浅，无果窝，无果颈，无果喙。果肉金黄至橙黄色，肉质细腻黏滑，纤维少，酸甜适中，果汁中等，可溶性固形物含量为 15%～18%，可食率为 82%～86%。果核椭圆形，多胚。

　　该品种花小，杂性，圆锥花序，顶生，花萼 4 裂，花瓣 5。花盘肉质，5 浅裂。花朵初期花瓣呈淡黄色，具 3～5 条黄色突起脉纹，后期花瓣颜色逐渐加深为淡红色，脉纹加深至棕褐色（图 2-52）。

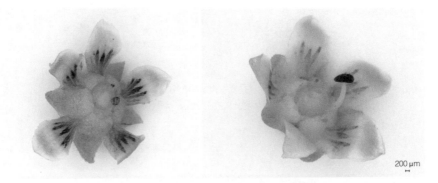

图 2–52　澳芒花朵在超景深显微镜下的形态

Fig 2–52　The morphology of R2E2 flower by super depth of field microscope

该品种花粉呈长球形，极轴长 38.38μm ± 1.83μm，赤道轴长 18.75μm ± 1.47μm，P/E 为 2.05。赤道面观呈椭圆形，极面观呈近圆形，具 3 沟，沟长达两极。外壁表面具网状雕纹，网眼较大，形状和大小不一（图 2–53）。

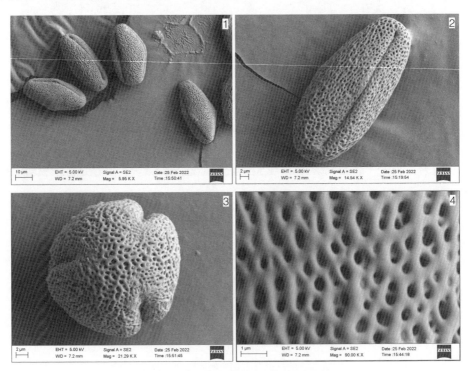

图 2–53　澳芒花粉在扫描电镜下的形态

Fig 2–53　The morphology of R2E2 pollen by scanning electron microscope

1. 花粉群体　2. 赤道面观　3. 极面观　4. 局部放大

1. Pollen population　2. Equatorial view　3. Polar view　4. Partial enlarged

19　金兴

金兴（Jinxing）是台湾选育品种。树冠较矮，树势中庸至健旺，分枝角度中大，枝条较长、粗壮，树姿开张。果实椭圆形，果皮光滑，平均单果重900～1 000g，果喙无，果窝无。成果皮紫红色，成熟时果皮黄红色，果肉黄色、细滑，味清甜稍淡。可溶性固形物含量为14.2%，总酸含量为0.09%，可食率为75%以上。果核表面凸起、脉络交叉，种仁椭圆形，多胚。

该品种为圆锥花序，顶生，具雄花和两性花，雄花较小，花萼5裂，花瓣5。花盘肉质，5浅裂。花药颜色为深紫色。花朵初期花瓣呈淡黄色，具3～4条黄色突起脉纹，后期花瓣颜色逐渐加深为淡红色，脉纹加深至红褐色（图2-54）。

该品种花粉呈长球形，极轴长32.07μm±2.44μm，赤道轴长17.51μm±1.48μm，P/E为1.83。赤道面观呈椭圆形，具3沟，沟长达两极。外壁表面具条纹状雕纹，形状不规则（图2-55）。

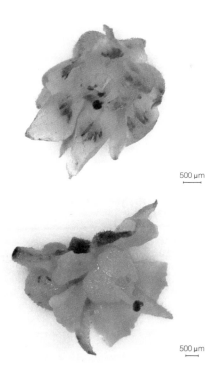

500 μm

500 μm

图2-54　金兴花朵在超景深显微镜下
　　　　的形态

Fig 2-54　**The morphology of Jinxing flower by super depth of field microscope**

图2-55　金兴花粉在扫描电镜下的形态

Fig 2-55　The morphology of Jinxing pollen by scanning electron microscope

1.花粉群体　2.赤道面观　3.赤道面观　4.局部放大

1. Pollen population　2. Equatorial view　3. Equatorial view　4. Partial enlarged

第3节　其他种质资源

1　台农2号

　　台农2号（Tainoung No.2）原产于台湾，1969年由凤山热带园艺试验分所经自然杂交选出，1985年正式命名。树冠圆头形，枝条较稀疏。叶片长椭圆披针形，叶尖形状急尖，叶缘略有波浪。嫩叶浅绿，老叶深绿色。果实长椭圆形，平均单果重300～380g。青果黄绿色带红晕，成熟果皮红色，果面光滑，果肩突起，果洼浅，果窝浅，无果颈，果肉金黄色，组织疏松，纤维少，味甜，可溶性固形物含量为17%～19%，果核长椭圆形，单胚。

　　该品种为圆锥花序，顶生，具雄花和两性花，雄花较小，花萼5裂，花瓣5。花盘肉质，5浅裂。花药颜色为浅紫色。花朵初期花瓣呈淡黄色，具3～5条浅黄色突起脉纹，后期花瓣脉纹颜色加深为橘黄色（图2-56）。

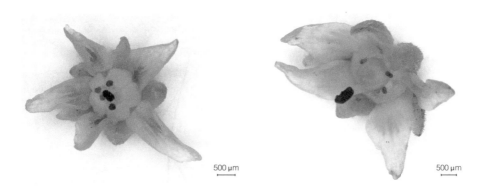

图2-56　台农2号花朵在超景深显微镜下的形态

Fig 2-56　The morphology of Tainoung No.2 flower by super depth of field microscope

　　该品种花粉呈长球形，极轴长35.10μm±2.41μm，赤道轴长20.89μm±1.81μm，P/E为1.68。极面观呈近三角形，赤道面观呈椭圆形，具3沟，沟长达两极。外壁表面具条纹网状雕纹，形状不规则（图2-57）。

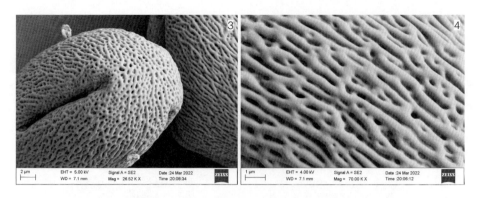

图2-57　台农2号花粉在扫描电镜下的形态

Fig 2-57　The morphology of Tainoung No.2 pollen by scanning electron microscope

1.花粉群体　2.赤道面观　3.极面观　4.局部放大

1. Pollen population　2. Equatorial view　3. Polar view　4. Partial enlarged

2　白玉

白玉（Baiyu）芒原产于马来西亚，20世纪30年代自马来西亚引入海南文昌，故又名文昌白玉。树冠圆头形，枝条粗壮直立，节间较长，分枝位高。叶片较大，椭圆披针形或卵状椭圆披针形。果实长椭圆形，平均果重200~250g，果肩斜平，无果洼。果腹凸出，果窝深，果喙大而钝，果顶浑圆，青熟果果皮暗绿色至黄绿色，完熟果果皮绿色至浅黄色，果皮光滑、细腻，常有白点和花纹并披蜡质果粉，果肉浅黄色或乳黄色，质地腻滑，无纤维，汁液丰富，可食率为72.6%，可溶性固形物含量为19.0%，总糖含量为17.2%，总酸含量为0.12%，每100g果肉维生素C含量为23mg，味浓甜，芳香。

该品种为圆锥花序，顶生，具雄花和两性花，雄花较小，花萼4裂，花瓣4~5。花盘肉质，5浅裂。花朵花瓣呈淡黄色，具3条黄色突起脉纹（图2-58）。

该品种花粉呈长球形，极轴长32.06μm±1.05μm，赤道轴长19.10μm±0.95μm，P/E为1.68。赤道面观呈椭圆形，具3沟，沟长达两极。外壁表面具条纹网状雕纹，形状不规则（图2-59）。

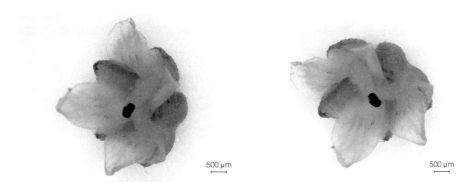

图 2-58 白玉花朵在超景深显微镜下的形态

Fig 2-58 The morphology of Baiyu flower by super depth of field microscope

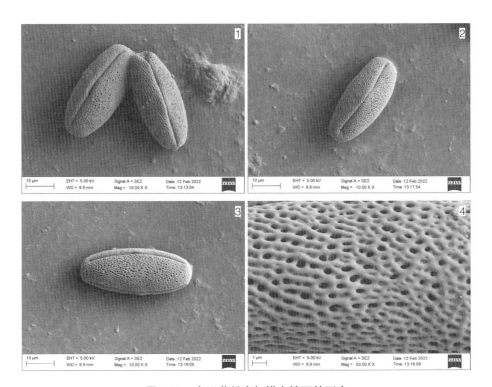

图 2-59 白玉花粉在扫描电镜下的形态

Fig 2-59 The morphology of Baiyu pollen by scanning electron microscope

1. 花粉群体 2. 赤道面观 3. 赤道面观 4. 局部放大

1. Pollen population 2. Equatorial view 3. Equatorial view 4. Partial enlarged

3 粤西1号

粤西1号（Yuexi No.1）是中国热带农业科学院南亚热带作物研究所从吕宋芒的实生群体中选育出的优良单株。树冠圆头形，枝条开展至直立。果实卵形，单果重150～200g。果皮光滑，青熟果淡绿色至黄绿色，完熟果深黄色；果肉深黄色，质地腻滑，纤维少，汁多，可食率为76.5%，可溶性固形物含量为16.6%，总糖含量为11.0%，总酸含量为0.28%，每100g果肉维生素C含量为38.7mg，味甜偏淡。单胚。该品种品质中等，较早结果、丰产、稳产，有多次开花的特性，在花期有低温阴雨的地方栽培也有一定产量。

该品种为圆锥花序，顶生，具雄花和两性花，雄花较小，花萼5裂，花瓣4～5。花盘肉质，5浅裂。花朵花瓣呈淡黄色，具4～6条黄色突起脉纹（图2-60）。

该品种花粉呈球形，极轴长25.91μm±1.46μm，赤道轴长20.25μm±0.77μm，P/E为1.28。赤道面观呈椭圆形，极面观呈圆形，具3沟，沟长达两极。外壁表面具条纹状雕纹，形状不规则（图2-61）。

200 μm

图2-60　粤西1号花朵在超景深显微镜下的形态

Fig 2-60　The morphology of Yuexi No.1 flower by super depth of field microscope

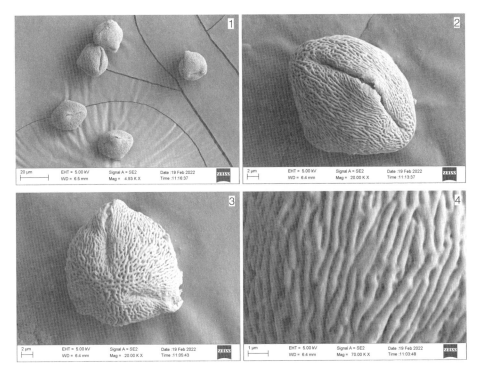

图 2-61　粤西 1 号花粉在扫描电镜下的形态

Fig 2-61　The morphology of Yuexi No.1 pollen by scanning electron microscope

1. 花粉群体　2. 赤道面观　3. 极面观　4. 局部放大

1. Pollen population　2. Equatorial view　3. Polar view　4. Partial enlarged

4　攀育 3 号

攀育 3 号（Panyu No.3）是攀枝花市农林科学研究院选育出的，系红象牙芽变单株，7 月中旬至 8 月上旬成熟，单果重 1 085.0g，可溶性固形物含量为17.6%，可食率为 85.2%。

该品种为圆锥花序，顶生，具雄花和两性花，雄花较小，花萼 5 裂，花瓣 5。花盘肉质，5 浅裂。花朵花瓣呈淡黄色，具 3～5 条黄色突起脉纹（图 2-62）。

该品种花粉呈长球形，极轴长 25.83μm±2.44μm，赤道轴长 18.65μm±1.56μm，P/E 为 1.38。极面观呈近圆形，赤道面观呈椭圆形，具 3 沟，沟长达两极。外壁表面具条纹网状雕纹，形状不规则（图 2-63）。

图 2-62　攀育 3 号花朵在超景深显微镜下的形态
Fig 2-62　The morphology of Panyu No.3 flower
by super depth of field microscope

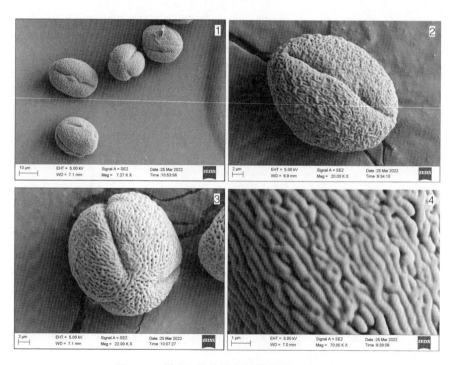

图 2-63　攀育 3 号花粉在扫描电镜下的形态
Fig 2-63　The morphology of Panyu No.3 pollen by scanning electron microscope

1.花粉群体　2.赤道面观　3.极面观　4.局部放大
1. Pollen population　2. Equatorial view　3. Polar view　4. Partial enlarged

5 攀育5号

攀育5号（Panyu No.5）是攀枝花市农林科学研究院选育出的，是美国红芒Keitt群体实生后代中的优选单株。9月上旬至10月下旬成熟，单果重450.0～650.0g，可溶性固形物含量为21.3%，可食率为78.6%。

该品种为圆锥花序，顶生，具雄花和两性花，雄花较小，花萼5裂，花瓣5。花盘肉质，5浅裂。花药颜色为深紫色。花朵花瓣呈白色，具3条黄色突起脉纹（图2-64）。

该品种花粉呈长球形，极轴长34.46μm±1.75μm，赤道轴长16.25μm±0.82μm，P/E为2.12。极面观呈近三角形，赤道面观呈椭圆形，具3沟，沟长达两极。外壁表面具网状雕纹，网眼小，分布不均匀，形状和大小不一，网脊光滑连续（图2-65）。

图2-64 攀育5号花朵在超景深显微
镜下的形态

Fig 2-64 **The morphology of Panyu
No.5 flower by super depth
of field microscope**

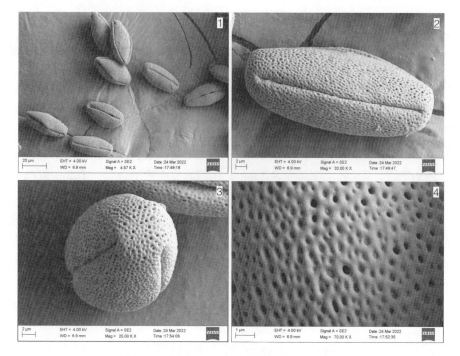

图2-65　攀育5号花粉在扫描电镜下的形态

Fig 2-65　The morphology of Panyu No.5 pollen by scanning electron microscope

1.花粉群体　2.赤道面观　3.极面观　4.局部放大

1. Pollen population　2. Equatorial view　3. Polar view　4. Partial enlarged

6　秋红

秋红（Qiuhong）芒果是攀枝花市农林科学研究院选育的品种，系缅甸8号芒果实生后代优选单株，晚熟，8月中旬至9月下旬成熟。单果重634.0g，可食率为73.9%～84.8%，可溶性固形物含量为14.4%～18.2%，果实有松香味，成熟果皮红色或紫红色。

该品种花小，杂性，圆锥花序，顶生，花萼5裂，花瓣5。花盘肉质，5浅裂。花药颜色为深紫色。花朵初期花瓣呈淡黄色，具3～5条黄色突起脉纹，后期花瓣颜色逐渐加深为浅紫色，脉纹加深至红褐色（图2-66）。

该品种花粉呈近球形，极轴长22.85μm±1.44μm，赤道轴长22.38μm±1.61μm，P/E为1.02。极面观呈近三角形，赤道面观呈椭圆形，具3沟，沟长达两极。外壁表面具条纹网状雕纹，形状不规则（图2-67）。

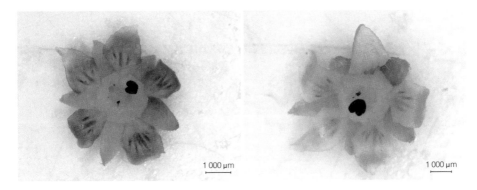

图 2-66　秋红花朵在超景深显微镜下的形态

Fig 2-66　The morphology of Qiuhong flower by super depth of field microscope

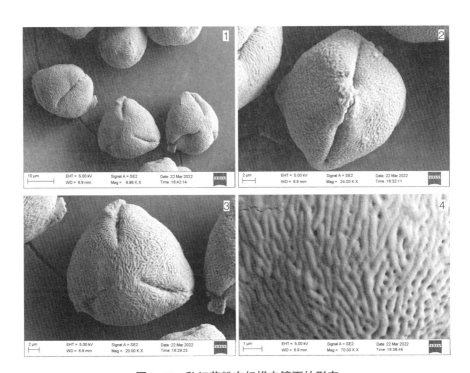

图 2-67　秋红花粉在扫描电镜下的形态

Fig 2-67　The morphology of Qiuhong pollen by scanning electron microscope

1.花粉群体　2.赤道面观　3.极面观　4.局部放大

1. Pollen population　2. Equatorial view　3. Polar view　4. Partial enlarged

7 秋芒

秋芒（Neelum）原产于印度南部，引入我国后编号为印度1号，树势中等偏弱，植株较矮，主干短，分枝低，枝条开张下垂，分枝多时枝条短小，直立性枝条粗壮。叶节密，腋芽饱满，嫩叶紫红色，老叶深绿色，叶片呈披针形，较厚，叶面平滑，叶缘波浪明显，稍向上卷，叶脉凸起，叶尖及叶基尖锐。果实斜卵形，平均单果重200～250g。果皮光滑，果肩较宽阔，果洼深，果腹凸出，果窝浅或无。青果深绿色至粉绿色，成熟果金黄色至深黄色。果肉深黄色至橙黄色，组织致密，纤维少，味浓甜而微酸，有椰乳与菠萝汁混合芳香，可溶性固形物含量为17%～26%，总酸含量为0.12%～0.4%，每100g果肉维生素C含量为70～106mg，可食率为63%～73%，为丰产稳产晚熟品种。种子椭圆形，单胚。

该品种为圆锥花序，顶生，具雄花和两性花，雄花较小，花萼5裂，花瓣5。花盘肉质，5浅裂。花瓣呈绿白色，具3条黄色突起脉纹（图2-68）。

该品种花粉呈长球形，极轴长38.51μm±1.62μm，赤道轴长20.51μm±1.98μm，P/E为1.88。赤道面观呈椭圆形，具3沟，沟长达两极。外壁表面具条纹网状雕纹，形状不规则（图2-69）。

图2-68 秋芒花朵在超景深显微镜下的形态

Fig 2-68 The morphology of Neelum flower by super depth of field microscope

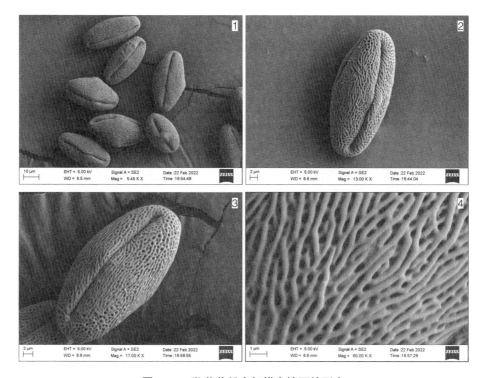

图 2-69 秋芒花粉在扫描电镜下的形态

Fig 2-69 The morphology of Neelum pollen by scanning electron microscope

1. 花粉群体 2. 赤道面观 3. 赤道面观 4. 局部放大

1. Pollen population 2. Equatorial view 3. Equatorial view 4. Partial enlarged

8 龙井大芒

龙井大芒（Longjing Da Mango）为原华南热带作物研究院从秋芒的实生后代中筛选出的优良单株。树冠圆头形，枝条开展。叶片长椭圆披针形，叶形指数3.6～4.2，叶尖渐尖。嫩叶红色，老叶深绿色。果实卵形，平均单果重1 000～1 500g，最大可达4 000g以上，是目前国内最大的芒果。青熟果果皮绿色，成熟果果皮黄绿色，果皮光滑。果肉黄色，组织致密，纤维少，味甜，可溶性固形物含量为12%～15%，可食率为75%。种子椭圆形。

该品种为圆锥花序，顶生，具雄花和两性花，雄花较小，花萼5裂，花瓣5。花盘肉质，5浅裂。花朵花瓣呈白色，具3～4条黄色突起脉纹，后期脉纹加深至红褐色（图2-70）。

该品种花粉呈球形，极轴长21.91μm±1.61μm，赤道轴长19.28μm±

1.65μm，P/E为1.14。赤道面观呈椭圆形，极面观呈近三角形，具3沟，沟长达两极。外壁表面具条纹状雕纹，形状不规则（图2-71）。

图2-70　龙井大芒花朵在超景深显微镜下的形态

Fig 2-70　The morphology of Longjing Da Mango flower by super depth of field microscope

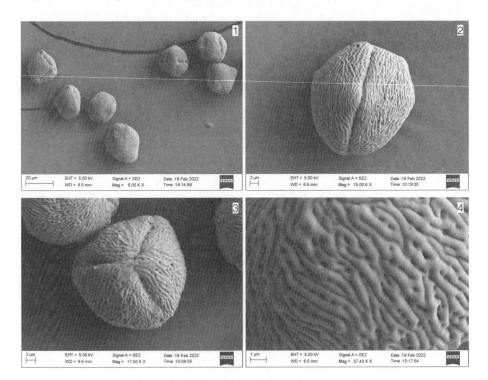

图2-71　龙井大芒花粉在扫描电镜下的形态

Fig 2-71　The morphology of Longjing Da Mango pollen by scanning electron microscope

1.花粉群体　2.赤道面观　3.极面观　4.局部放大

1. Pollen population　2. Equatorial view　3. Polar view　4. Partial enlarged

9 紫花

紫花（Zihua）芒由广西农学院于1987年从泰国芒14号的实生后代中选出。树冠圆头形，开张，长势中等。叶片浓绿色，中等大，两头渐尖，叶缘呈微波浪状。果实S形，单果重225～250g，美观，果皮光滑，成熟时鲜黄色，果粉较厚，果肉橙黄色，肉质细嫩，汁多纤维少，可食率为71.5%，可溶性固形物含量为13.0%，总糖含量为11.6%，总酸含量为0.37%，每100g果肉维生素C含量为12.7mg，品质中等，风味略淡，偏酸，核较小，单胚，种胚不饱满。丰产稳产，较耐贮运，但易感炭疽病。

该品种为圆锥花序，顶生，具雄花和两性花，雄花较小，花萼5裂，花瓣5。花盘肉质，5浅裂。花朵初期花瓣呈白色带斑点，每瓣均具3条突起脉纹，呈轻微褐色，后期花瓣颜色逐渐转变为淡黄色，脉纹加深至红褐色（图2-72）。

该品种花粉呈长球形，极轴长37.47μm±2.74μm，赤道轴长18.15μm±2.21μm，P/E为2.06。赤道面观呈椭圆形，具3沟，沟长达两极。外壁表面具条纹网状雕纹，形状不规则（图2-73）。

图2-72 紫花花朵在超景深显微镜下的形态

Fig 2-72 The morphology of Zihua flower by super depth of field microscope

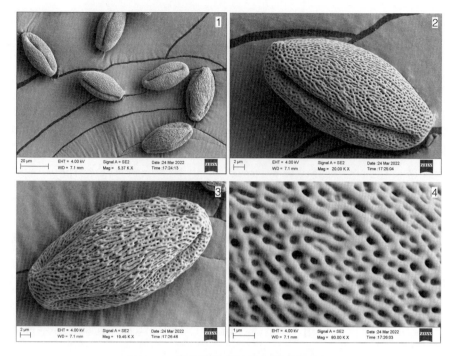

图2-73　紫花花粉在扫描电镜下的形态

Fig 2-73　The morphology of Zihua pollen by scanning electron microscope

1.花粉群体　2.赤道面观　3.赤道面观　4.局部放大

1. Pollen population　2. Equatorial view　3. Equatorial view　4. Partial enlarged

10　红苹芒

红苹芒（Red Apple Mango）果皮光滑，果点明显，纹理清晰。生长于阳光充足的地方，果皮粉红色，外形酷似苹果，故得名红苹芒。果实近圆球形，单果重300～400 g，腹肩宽圆、稍上升，背肩圆、缓低斜。果基圆形，果窝浅。果顶卵圆形，无果弯，果喙呈鼻状突起仅为一圆点。果肉橙黄色、细滑，纤维极少，汁液丰富，可溶性固形物含量为20.15%，可食率达70.50%，香气浓，味甜蜜，品质好。果核椭圆形，种胚发育中度饱满，单胚。丰产稳产。

该品种为圆锥花序，顶生，具雄花和两性花，雄花较小，花萼4裂，花瓣5～6。花盘肉质，5浅裂。花朵初期花瓣呈淡黄色，具3条黄色突起脉纹，后期花瓣颜色逐渐转变为浅紫色，脉纹加深至红褐色（图2-74）。

该品种花粉呈长球形，极轴长35.51μm±2.20μm，赤道轴长18.49μm±

1.41μm，P/E为1.92。赤道面观呈椭圆形，具3沟，沟长达两极。外壁表面具条纹网状雕纹，形状不规则（图2-75）。

图2-74 红苹芒花朵在超景深显微镜下的形态

Fig 2-74 The morphology of Red Apple Mango flower by super depth of field microscope

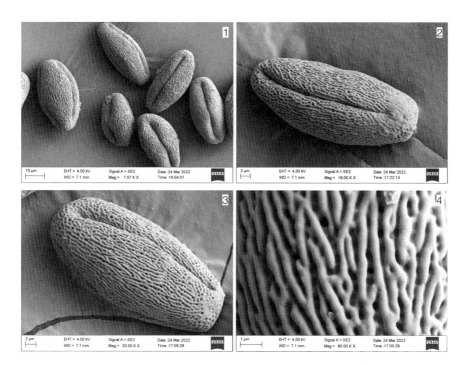

图2-75 红苹芒花粉在扫描电镜下的形态

Fig 2-75 The morphology of Red Apple Mango pollen by scanning electron microscope

1.花粉群体 2.赤道面观 3.赤道面观 4.局部放大

1. Pollen population 2. Equatorial view 3. Equatorial view 4. Partial enlarged

11 桃芒

桃芒（Tao Mango），树冠扁圆头形，较矮，花轴鲜红色，花期较迟，7月成熟。果斜卵形，单果重100～200g，可溶性固形物含量为18%～22%，可食率为65%。原产于云南，属地方品种资源。该品种优质、抗病，主要用途是供食用、药用。

该品种为圆锥花序，顶生，具雄花和两性花，雄花较小，花萼5裂，花瓣5。花盘肉质，5浅裂。花药颜色为浅紫色。花朵初期花瓣呈淡黄色，具3～5条黄色突起脉纹，后期脉纹转变至红褐色（图2-76）。

该品种花粉呈长球形，极轴长34.85μm±1.76μm，赤道轴长17.90μm±2.21μm，P/E为1.95。赤道面观呈椭圆形，具3沟，沟长达两极。外壁表面具条纹网状雕纹，形状不规则（图2-77）。

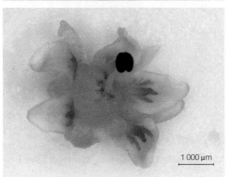

图 2-76 桃芒花朵在超景深显微
镜下的形态

Fig 2-76 The morphology of
Tao Mango flower by
super depth of field
microscope

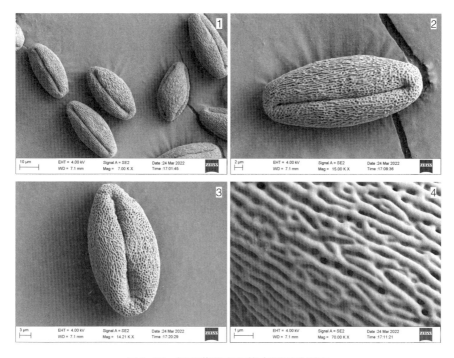

图 2-77 桃芒花粉在扫描电镜下的形态

Fig 2-77 The morphology of Tao Mango pollen by scanning electron microscope

1.花粉群体 2.赤道面观 3.赤道面观 4.局部放大

1. Pollen population 2. Equatorial view 3. Equatorial view 4. Partial enlarged

12 瓦城

瓦城（Wacheng），果实S形，果皮光滑，平均单果重250～280g，果喙点状，果窝浅。成熟时黄绿色，果肉淡黄色至金黄色，可溶性固形物含量为8.5%，可食率为74.1%，有松香味，纤维多，品质差。

该品种为圆锥花序，顶生，具雄花和两性花，雄花较小，花萼5裂，花瓣5。花盘肉质，5浅裂。花药颜色为深紫色。花朵花瓣呈偏白的淡黄色，具3条黄褐色似火焰的突起脉纹（图2-78）。

该品种花粉呈长球形，极轴长40.79μm±1.31μm，赤道轴长16.39μm±1.36μm，P/E为2.49。极面观呈近三角形，赤道面观呈椭圆形，具3沟，沟长达两极。外壁表面具网状雕纹，网眼分布不均匀，形状和大小不一，网脊光滑连续（图2-79）。

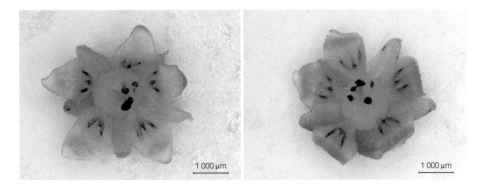

图 2-78　瓦城花朵在超景深显微镜下的形态

Fig 2-78　The morphology of Wacheng flower by super depth of field microscope

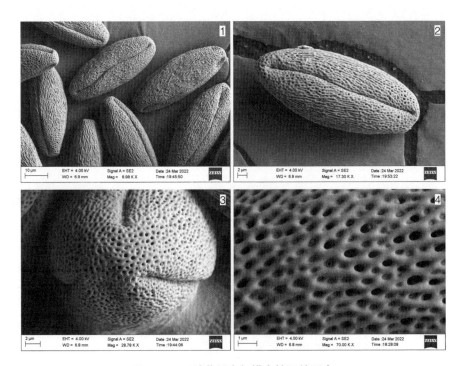

图 2-79　瓦城花粉在扫描电镜下的形态

Fig 2-79　The morphology of Wacheng pollen by scanning electron microscope

1.花粉群体　2.赤道面观　3.极面观　4.局部放大

1. Pollen population　2. Equatorial view　3. Polar view　4. Partial enlarged

13 福建本地芒

福建本地芒（Fujian Local Mango）引自福建省福州市，四川攀枝花市于6月上旬成熟，单果重103.8 g，可食率为54.8%，可溶性固形物含量为15.7%。

该品种为圆锥花序，顶生，具雄花和两性花，雄花较小，花萼4裂，花瓣5。花盘肉质，5浅裂。花朵初期花瓣呈淡黄色，具3～4条黄色突起脉纹，后期花瓣颜色逐渐转变为紫色，脉纹转变至红褐色（图2-80）。

该品种花粉呈长球形，极轴长35.66μm±1.58μm，赤道轴长18.79μm±2.23μm，P/E为1.90。极面观呈近圆形，赤道面观呈椭圆形，具3沟，沟长达两极。外壁表面具条纹网状雕纹，形状不规则，网脊光滑连续（图2-81）。

1 000 μm

图2-80 福建本地芒花朵在超景深显微镜下的形态

Fig 2-80 The morphology of Fujian Local Mango flower by super depth of field microscope

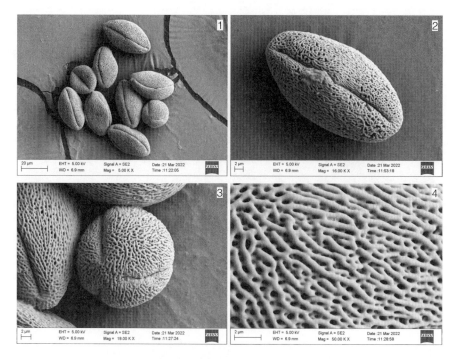

图 2-81　福建本地芒花粉在扫描电镜下的形态

Fig 2-81　The morphology of Fujian Local Mango pollen by scanning electron microscope

1.花粉群体　2.赤道面观　3.极面观　4.局部放大

1. Pollen population　2. Equatorial view　3. Polar view　4. Partial enlarged

14　青皮

　　青皮（Okrung）芒原产于泰国，又称泰国白花芒、小青皮。果实肾形或长椭圆形，成熟果皮为青黄色或暗绿色，故名青皮，果肉淡黄色至奶黄色，肉质细腻，皮薄多汁，有蜜味清香，纤维极少。单果重200～300 g，可食率为72%左右，可溶性固形物含量为19.8%，总糖含量为18.5%，总酸含量为0.20%，每100g果肉维生素C含量为 18.0mg，味浓甜，芳香。种仁发育饱满，多胚。该品种含糖量高，品质优，较早熟、产量中等。

　　该品种为圆锥花序，顶生，具雄花和两性花，雄花较小，花萼5裂，花瓣6。花盘肉质，5浅裂。花朵初期花瓣呈淡黄色，具3～5条褐色微突起脉纹，后期花瓣颜色逐渐转变为紫色，脉纹转变至棕褐色（图2-82）。

　　花粉形态一：长球形，极轴长 36.59μm±1.76μm，赤道轴长 18.23μm± 1.36μm，P/E为2.01。极面观呈近三角形，赤道面观呈椭圆形，具3沟，沟长达两极。外壁表面具网状雕纹，网眼分布不均匀，形状和大小不一（图2-83）。

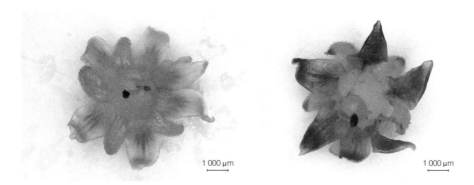

图2-82　青皮花朵在超景深显微镜下的形态

Fig 2-82　The morphology of Okrung flower by super depth of field microscope

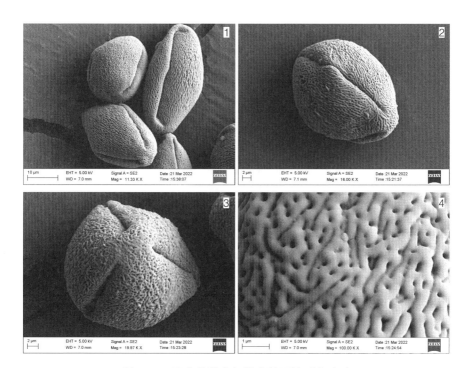

图2-83　青皮花粉在扫描电镜下的形态（1）

Fig 2-83　The morphology of Okrung pollen by scanning electron microscope（1）

1.花粉群体　2.赤道面观　3.极面观　4.局部放大

1. Pollen population　2. Equatorial view　3. Polar view　4. Partial enlarged

花粉形态二：长球形，极轴长23.38μm±2.55μm，赤道轴长19.18μm±1.77μm，P/E为1.22。极面观呈近圆形，赤道面观呈椭圆形，具3沟，沟长达两极。外壁表面具网状雕纹，形状不规则，网脊光滑连续（图2-84）。

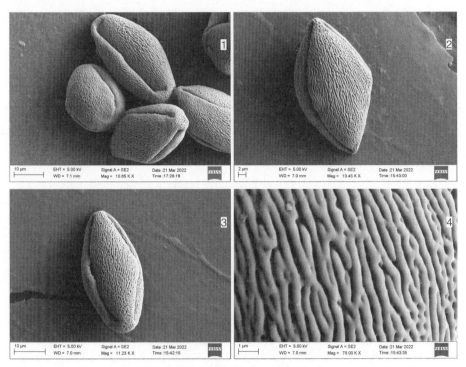

图2-84　青皮花粉在扫描电镜下的形态（2）

Fig 2-84　The morphology of Okrung pollen by scanning electron microscope（2）

1.花粉群体　2.赤道面观　3.赤道面观　4.局部放大
1. Pollen population　2. Equatorial view　3. Equatorial view　4. Partial enlarged

15　田阳香芒

田阳香芒（Tianyangxiang Mango）是从吕宋芒实生后代中选育成的优良品种，树冠圆头形，主干明显，灰褐色。树势健旺，树姿开张，分枝力强，枝条偏短、中等粗壮，结果后易下垂。果实椭圆形，果腹面有微腹沟，果脐不明显，皮薄光滑，淡绿色，熟后转为鲜黄色。果肉橙黄色，纤维级少而短，果汁多，肉质细嫩，香甜。正常果单果重200~300g，可食率为75%左右，可溶性固形物含量为16%~20%，味甜蜜、芳香，品质优良。

该品种为圆锥花序，顶生，具雄花和两性花，雄花较小，花萼5裂，花瓣

5～6。花盘肉质，5浅裂。花药颜色为浅紫色。花朵花瓣呈淡黄色，具3～5条黄褐色突起脉纹（图2-85）。

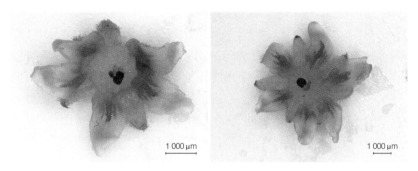

图2-85 田阳香芒花朵在超景深显微镜下的形态

Fig 2-85 The morphology of Tianyangxiang Mango flower by super depth of field microscope

该品种花粉呈长球形，极轴长39.92μm±2.16μm，赤道轴长17.24μm±2.61μm，P/E为2.32。赤道面观呈椭圆形，具3沟，沟长达两极。外壁表面具不规则条纹交织而形成的网状雕纹（图2-86）。

图2-86 田阳香芒花粉在扫描电镜下的形态

Fig 2-86 The morphology of Tianyangxiang Mango pollen by scanning electron microscope

1.花粉群体 2.赤道面观 3.赤道面观 4.局部放大

1. Pollen population 2. Equatorial view 3. Equatorial view 4. Partial enlarged

16　马亚

马亚（Maya）原产于以色列，从海顿（Haden）实生树中选出，1996年引进到我国。树冠扁圆头形，较矮。果实椭圆形，单果重约365g，果皮光滑，青熟果底色绿色，盖色粉红，成熟果底色橙黄色，盖色红色，皮孔多、中等大。肉橙黄色，肉质致密、滑腻、多汁，纤维极少，可食率为75.6%。可溶性固形物含量为18.0%～23%，总酸含量为0.06%～0.12%，味浓甜。种仁发育中度饱满，单胚。丰产不稳产，抗寒性较海顿和肯特强，对炭疽病、蒂腐病和白粉病等抗病性强。

该品种为圆锥花序，顶生，具雄花和两性花，雄花较小，花萼5裂，花瓣5。花盘肉质，5浅裂。花药颜色为浅紫色。花朵花瓣呈绿白色，具3条黄色突起脉纹（图2-87）。

该品种花粉呈长球形，极轴长41.80μm±3.14μm，赤道轴长17.18μm±1.53μm，P/E为2.43。极面观呈近圆形，赤道面观呈椭圆形，具3沟，沟长达两极。外壁表面具条纹网状雕纹，形状不规则，网脊光滑连续（图2-88）。

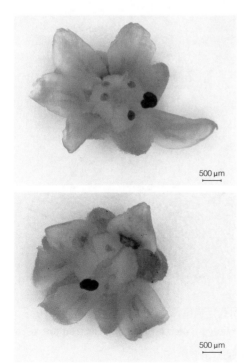

500 μm

500 μm

图2-87　马亚花朵在超景深显微镜下的形态

Fig 2-87　The morphology of Maya flower by super depth of field microscope

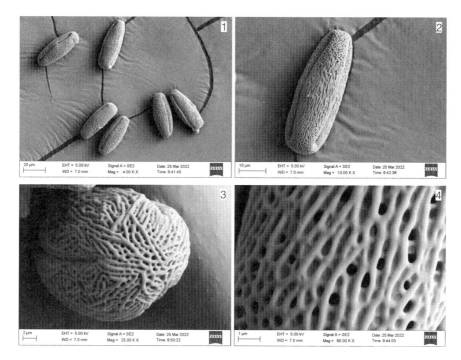

图 2-88　马亚花粉在扫描电镜下的形态

Fig 2-88　The morphology of Maya pollen by scanning electron microscope

1. 花粉群体　2. 赤道面观　3. 极面观　4. 局部放大

1. Pollen population　2. Equatorial view　3. Polar view　4. Partial enlarged

17　吕宋

　　吕宋（Carabao）原产于菲律宾，20世纪30年代引入海南。果实卵状长椭圆形，平均单果重200～250g。青熟果果皮浅绿色，成熟时果皮黄色至金黄色，果面光滑，皮孔大、白色，常披蜡质果粉，色彩鲜明。果肉金黄色至深黄色，纤维少，味甜或甜带微酸，芳香，肉质腻滑，可溶性固形物含量为16%～18%，可食率为73%～77%，多胚。该品种具有果实外形美，果色艳、风味好、品质优，较耐贮运，早结果、丰产、稳产的特点。

　　该品种为圆锥花序，顶生，具雄花和两性花，雄花较小，花萼5裂，花瓣5。花盘肉质，5浅裂。花朵花瓣呈淡黄色，具黄色突起脉纹（图2-89）。

　　该品种花粉呈长球形，极轴长39.01μm±2.54μm，赤道轴长18.52μm±2.12μm，P/E为2.11。极面观呈近圆形，赤道面观呈椭圆形，具3沟，沟长达两极。外壁表面具条纹网状雕纹，形状不规则（图2-90）。

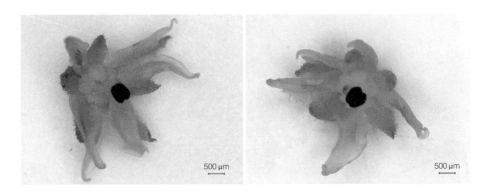

图2-89　吕宋花朵在超景深显微镜下的形态

Fig 2-89　The morphology of Carabao flower by super depth of field microscope

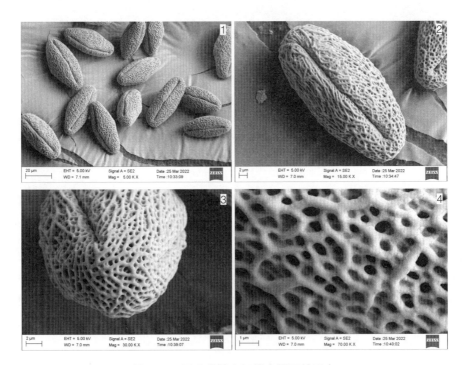

图2-90　吕宋花粉在扫描电镜下的形态

Fig 2-90　The morphology of Carabao pollen by scanning electron microscope

1.花粉群体　2.赤道面观　3.极面观　4.局部放大

1. Pollen population　2. Equatorial view　3. Polar view　4. Partial enlarged

18 金龙

金龙（Jinlong）芒，树冠扁圆头形，枝条较细，果长卵形，单果重225g，可溶性固形物含量为16%～18%，可食率为70%，原产于四川省米易县，该品种优质、抗病，主要用途是供食用、药用。

该品种为圆锥花序，顶生，具雄花和两性花，雄花较小，花萼4裂，花瓣4～6。花盘肉质，5浅裂。花朵花瓣呈绿白色，具3条黄色突起脉纹，后期加深为红褐色脉纹（图2-91）。

该品种花粉呈长球形，极轴长24.12μm±2.51μm，赤道轴长15.84μm±0.44μm，P/E为1.52。极面观呈近圆形，赤道面观呈椭圆形，具3沟，沟长达两极。外壁表面具网状雕纹，网眼形状和大小不规则（图2-92）。

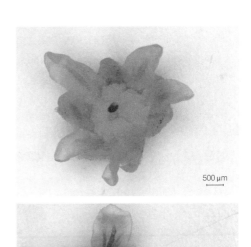

500 μm

500 μm

图2-91 金龙花朵在超景深显微镜下
　　　的形态
**Fig 2-91 The morphology of Jinlong
　　　flower by super depth of
　　　field microscope**

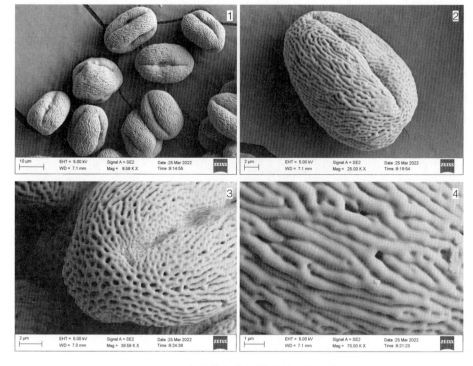

图2-92 金龙花粉在扫描电镜下的形态

Fig 2-92 The morphology of Jinlong pollen by scanning electron microscope

1. 花粉群体 2. 赤道面观 3. 极面观 4. 局部放大

1. Pollen population 2. Equatorial view 3. Polar view 4. Partial enlarged

19 红云芒

红云芒（Hongyun Mango），树冠扁圆头形，长势中等，花轴浅红绿色，花期较迟，7月成熟，果斜卵形，果肩具红晕，单果重200～300g，可溶性固形物含量为17%～19%，可食率为73%。原产于印度，属地方品种资源。该品种高产、优质、抗病，主要用途是供食用、药用。

该品种为圆锥花序，顶生，具雄花和两性花，雄花较小，花萼5裂，花瓣5～6。花盘肉质，5浅裂。花朵花瓣呈淡黄色，具黄色突起脉纹（图2-93）。

该品种花粉呈长球形，极轴长40.78μm±1.91μm，赤道轴长16.93μm±1.54μm，P/E为2.41。极面观呈近圆形，赤道面观呈椭圆形，具3沟，沟长达两极。外壁表面具网状雕纹，网眼形状和大小不规则（图2-94）。

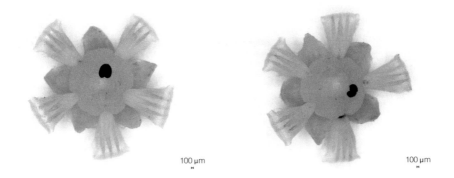

图 2-93　红云芒花朵在超景深显微镜下的形态

Fig 2-93　The morphology of Hongyun Mango flower by super depth of field microscope

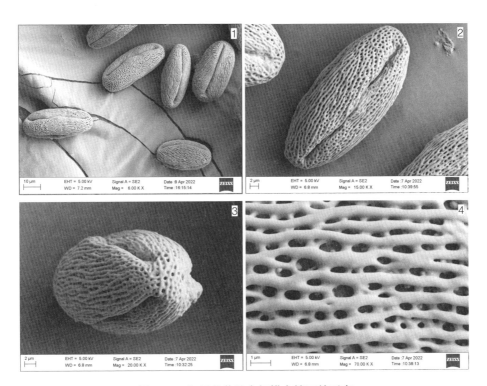

图 2-94　红云芒花粉在扫描电镜下的形态

Fig 2-94　The morphology of Hongyun Mango pollen by scanning electron microscope

1.花粉群体　2.赤道面观　3.极面观　4.局部放大

1. Pollen population　2. Equatorial view　3. Polar view　4. Partial enlarged

20 红鹰芒

红鹰芒（Hongying Mango），果实椭圆形，果皮光滑，平均单果重450～470g，果喙乳头状，果窝深。成熟时橙黄色，果肉金黄色，纤维中等，多汁，品质一般。可溶性固形物含量为14.4%，可食率为78.0%。

该品种为圆锥花序，顶生，具雄花和两性花，雄花较小，花萼5裂，花瓣5。花盘肉质，5浅裂。花朵花瓣呈淡黄色，具黄色突起脉纹（图2-95）。

图2-95 红鹰芒花朵在超景深显微镜下的形态

Fig 2-95 The morphology of Hongying Mango flower by super depth of field microscope

该品种花粉呈球形，极轴长22.65μm±1.31μm，赤道轴长21.45μm±1.61μm，P/E为1.06。赤道面观呈椭圆形，极面观呈近三角形，具3沟，沟长达两极。外壁表面具条纹状雕纹，形状不规则（图2-96）。

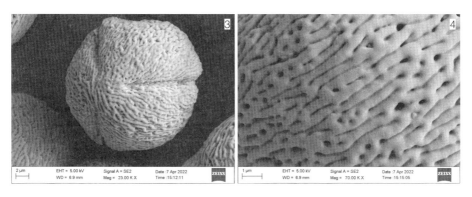

图2-96　红鹰芒花粉在扫描电镜下的形态

Fig 2-96　The morphology of Hongying Mango pollen by scanning electron microscope

1.花粉群体　2.赤道面观　3.极面观　4.局部放大

1. Pollen population　2. Equatorial view　3. Polar view　4. Partial enlarged

21　陈皮香芒

陈皮香芒（Chenpixiang Mango），果实扁圆形，果皮光滑，平均单果重340～360g，果喙乳头状，无果窝。成熟时黄绿色，果肉金黄色，纤维少，酸甜适中，果肉细嫩，品质好。可溶性固形物含量为20.2%，可食率为72.8%。

该品种为圆锥花序，顶生，具雄花和两性花，雄花较小，花萼5裂，花瓣5～6。花盘肉质，5浅裂。花朵花瓣呈淡黄白色，具黄色突起脉纹（图2-97）。

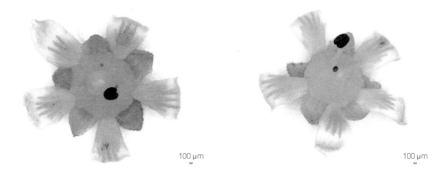

图2-97　陈皮香芒花朵在超景深显微镜下的形态

Fig 2-97　The morphology of Chenpixiang Mango flower by super depth of field microscope

该品种花粉呈长球形，极轴长30.23μm±1.77μm，赤道轴长18.97μm±1.54μm，P/E为1.59。极面观呈近圆形，赤道面观呈椭圆形，具3沟，沟长达两极。外壁表面具网状雕纹，网眼形状和大小不规则（图2-98）。

图2-98　陈皮香芒花粉在扫描电镜下的形态

Fig 2-98　The morphology of Chenpixiang Mango pollen by scanning electron microscope

1.花粉群体　2.赤道面观　3.赤道面观　4.局部放大

1. Pollen population　2. Equatorial view　3. Equatorial view　4. Partial enlarged

22　红孩儿

红孩儿（Red Baby），果实圆球形，果皮光滑，平均单果重800~900g，无果喙，无果窝。成熟时红色，果肉金黄色，纤维少，汁多肉厚，果肉细腻，口感好。可溶性固形物含量为17.0%，可食率为83.9%。

该品种为圆锥花序，顶生，具雄花和两性花，雄花较小，花萼5裂，花瓣5~6。花盘肉质，5浅裂。花朵花瓣呈淡黄色，具黄色突起脉纹，似火焰状（图2-99）。

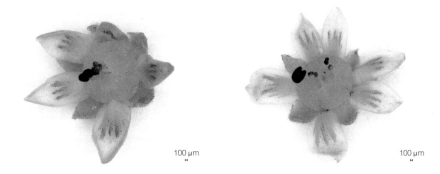

100 μm　　　　　　　100 μm

图2-99　红孩儿花朵在超景深显微镜下的形态

Fig 2-99　The morphology of Red Baby flower by super depth of field microscope

该品种花粉呈球形，极轴长21.01μm±1.41μm，赤道轴长20.38μm±1.15μm，P/E为1.03。赤道面观呈圆球形，极面观呈尖状突起，具2沟，沟长达两极。外壁表面具条纹状雕纹，形状不规则（图2-100）。

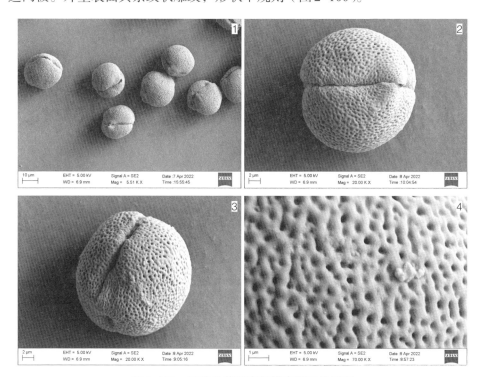

图2-100　红孩儿花粉在扫描电镜下的形态

Fig 2-100　The morphology of Red Baby pollen by scanning electron microscope

1.花粉群体　2.赤道面观　3.极面观　4.局部放大

1. Pollen population　2. Equatorial view　3. Polar view　4. Partial enlarged

23 黄象牙

黄象牙（Yellow Ivory），又称云南象牙芒，原产于泰国，1872年引入云南景谷县，在云南栽培较多。果实象牙形，蒂部宽大，平均单果重300～350g。果实基部大，顶部较尖小，比白象牙芒小。青果绿色，成熟时黄色，果皮粗糙。果肉浅黄色，故名"黄象牙芒"。果肉纤维少，味浓甜、质腻滑，有椰乳芳香。可溶性固形物含量为16%～17.2%，总酸含量为0.15%，可食率为65%～75%。种子形状、大小与白象牙芒相近，多胚。

该品种为圆锥花序，顶生，具雄花和两性花，雄花较小，花萼5裂，花瓣5～6。花盘肉质，5浅裂。花朵花瓣呈淡黄色，具黄色突起脉纹（图2-101）。

该品种花粉呈长球形，极轴长35.63μm±1.23μm，赤道轴长16.82μm±1.42μm，P/E为2.12。极面观呈近圆形，赤道面观呈椭圆形，具3沟，沟长达两极。外壁表面具网状雕纹，网眼形状和大小不规则（图2-102）。

100 μm

100 μm

图2-101 黄象牙花朵在超景深显微镜下的形态

Fig 2-101 **The morphology of Yellow Ivory flower by super depth of field microscope**

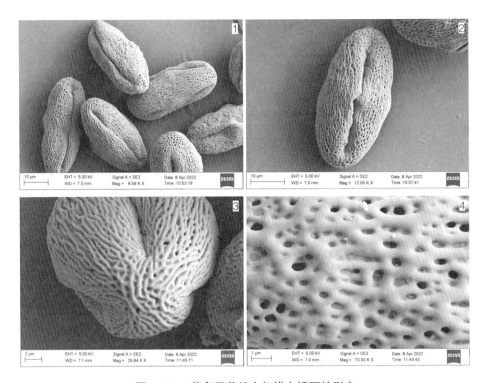

图 2–102 黄象牙花粉在扫描电镜下的形态

Fig 2–102 The morphology of Yellow Ivory pollen by scanning electron microscope

1. 花粉群体 2. 赤道面观 3. 极面观 4. 局部放大

1. Pollen population 2. Equatorial view 3. Polar view 4. Partial enlarged

24 热品2号

热品2号（Repin No.2），成花易，两性花比例高。果中等偏小、椭圆形，平均单果重228.3g。青熟时果皮黄绿带紫红色，软熟后果皮红黄色。果肉黄色，肉质细腻，纤维中等，品质优良。可溶性固形物含量为15.9%，可滴定酸含量为0.36%，每100g果肉维生素C含量为35.4mg，可食率为65.4%。

该品种为圆锥花序，顶生，具雄花和两性花，雄花较小，花萼5裂，花瓣5～6。花盘肉质，5浅裂。花朵初期花瓣呈淡黄色，具3～5条黄色突起脉纹，后期花瓣脉纹加深至棕褐色（图2–103）。

该种花粉呈长球形，极轴长40.92μm±3.68μm，赤道轴长17.24μm±3.24μm，P/E为2.37。极面观呈近圆形，赤道面观呈椭圆形，具3沟，沟长达两极。外壁表面具网状雕纹，网眼分布不均匀，形状和大小不一，网脊光滑连续（图2-104）。

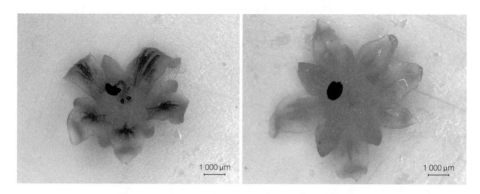

图2-103　热品2号花朵在超景深显微镜下的形态

Fig 2-103　The morphology of Repin No.2 flower by super depth of field microscope

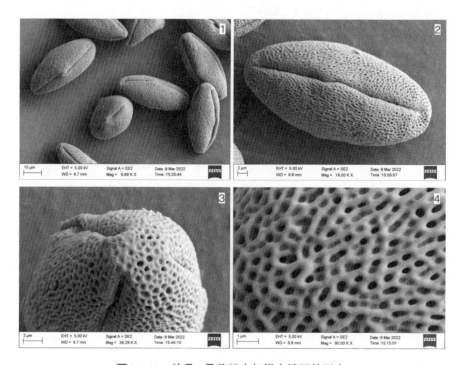

图2-104　热品2号花粉在扫描电镜下的形态

Fig 2-104　The morphology of Repin No.2 pollen by scanning electron microscope

1.花粉群体　2.赤道面观　3.极面观　4.局部放大

1. Pollen population　2. Equatorial view　3. Polar view　4. Partial enlarged

25　热品5号

热品5号（Repin No.5），果实椭圆形，果皮光滑，平均单果重约250g，无果喙，果窝浅。成熟时淡绿色，果肉金黄色，肉质细腻，纤维中等，品质优良。可溶性固形物含量为18.5%，可食率为75%。

该品种为圆锥花序，花序较粗大，顶生，具雄花和两性花，雄花较小，花萼5裂，花瓣4～5。花盘肉质，5浅裂。花药颜色为浅紫色。花朵初期花瓣呈淡黄色，具3～4条黄色突起脉纹，后期花瓣颜色逐渐加深为红色，脉纹加深至红褐色（图2-105）。

该品种花粉呈长球形，极轴长43.20μm±1.17μm，赤道轴长20.78μm±1.04μm，P/E为2.08。赤道面观呈椭圆形，具3沟，沟长达两极。外壁表面具网状雕纹，形状不规则，网脊光滑连续（图2-106）。

图 2-105　热品5号花朵在超景深显微镜下的形态

Fig 2-105　**The morphology of Repin No.5 flower by super depth of field microscope**

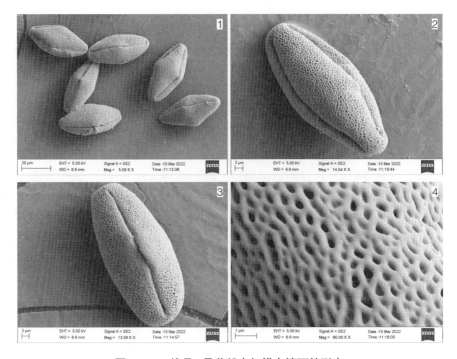

图2-106　热品5号花粉在扫描电镜下的形态

Fig 2-106　The morphology of Repin No.5 pollen by scanning electron microscope

1.花粉群体　2.赤道面观　3.赤道面观　4.局部放大

1. Pollen population　2. Equatorial view　3. Equatorial view　4. Partial enlarged

26　热品6号

热品6号（Repin No.6），果实椭圆形，果皮光滑，平均单果重220～260g，无果喙，果窝浅。成熟时黄绿色，果肉金黄色，肉质细腻，多汁，酸甜适中，纤维少，品质优良。可溶性固形物含量为16.2%，可食率为77%。果核表面光滑、脉络交叉，种仁椭圆形，多胚。

该品种为圆锥花序，顶生，具雄花和两性花，雄花较小，花萼5裂，花瓣5。花盘肉质，5浅裂。花朵初期花瓣呈淡黄色，具3条黄色突起脉纹，后期花瓣颜色逐渐加深为黄褐色，边缘出现浅紫色，脉纹加深至红褐色（图2-107）。

该品种花粉呈长球形，极轴长30.09μm±2.86μm，赤道轴长18.96μm±2.21μm，P/E为1.59。极面观呈近三角形，赤道面观呈椭圆形，具3沟，沟长达两极。外壁表面具网状雕纹，网眼小，分布不均匀，形状和大小不一，网脊光滑连续（图2-108）。

图2-107　热品6号花朵在超景深显微镜下的形态

Fig 2-107　The morphology of Repin No.6 flower by super depth of field microscope

图2-108　热品6号花粉在扫描电镜下的形态

Fig 2-108　The morphology of Repin No.6 pollen by scanning electron microscope

1.花粉群体　2.赤道面观　3.极面观　4.局部放大

1. Pollen population　2. Equatorial view　3. Polar view　4. Partial enlarged

27 热品10号

热品10号（Repin No.10），果实卵圆形或圆球形，平均单果重504.6g；果顶淡绿色，向阳面有红晕，果肩紫红色，着色均匀，果皮光滑，果粉厚；果肉黄色，具浓郁的芳香味，纤维少，单胚；可食率为78.6%，可溶性固形物含量为20.4%，总糖含量为16.42%，可滴定酸含量为0.349%，每100g果肉维生素C含量为130mg。在金沙江干热河谷地区适应性强，树势强，丰产、稳产。

该品种为圆锥花序，顶生，具雄花和两性花，雄花较小，花萼5裂，花瓣5。花盘肉质，5浅裂。花瓣呈淡黄色，具3条黄色突起脉纹（图2-109）。

该品种花粉呈长球形，极轴长31.37μm±1.21μm，赤道轴长16.44μm±2.16μm，P/E为1.91。赤道面观呈椭圆形，具3沟，沟长达两极。外壁表面具网状雕纹，形状不规则（图2-110）。

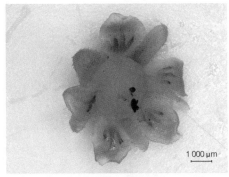

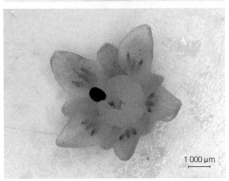

图2-109　热品10号花朵在超景深显微镜下的形态

Fig 2-109　The morphology of Repin No.10 flower by super depth of field microscope

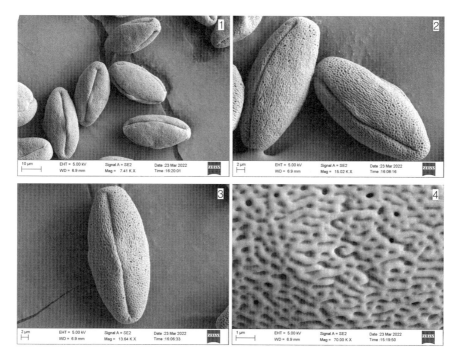

图2-110　热品10号花粉在扫描电镜下的形态

Fig 2-110　The morphology of Repin No.10 pollen by scanning electron microscope

1.花粉群体　2.赤道面观　3.赤道面观　4.局部放大

1. Pollen population　2. Equatorial view　3. Equatorial view　4. Partial enlarged

28　13-1

13-1（No.13-1）芒果是攀枝花市农林科学研究院于2010年引自以色列，耐盐碱的品种，以色列作为抗盐碱专用砧木使用，成熟期为7月上旬，单果重170.0g，可食率为80.8%，可溶性固形物含量为18.0%～20.0%。

该品种为圆锥花序，顶生，具雄花和两性花，雄花较小，花萼5裂，花瓣5。花盘肉质，5浅裂。花朵初期花瓣呈淡黄色，具3条黄色突起脉纹；后期花瓣颜色逐渐转变为浅紫色，脉纹转变为红褐色（图2-111）。

该品种花粉呈长球形，极轴长39.75μm±2.20μm，赤道轴长21.69μm±2.08μm，P/E为1.83。赤道面观呈椭圆形，具3沟，沟长达两极。外壁表面具网状雕纹，网眼小，分布不均匀，形状和大小不一，网脊光滑连续（图2-112）。

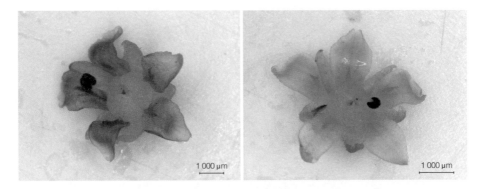

图 2-111　13-1 花朵在超景深显微镜下的形态

Fig 2-111　The morphology of No.13-1 flower by super depth of field microscope

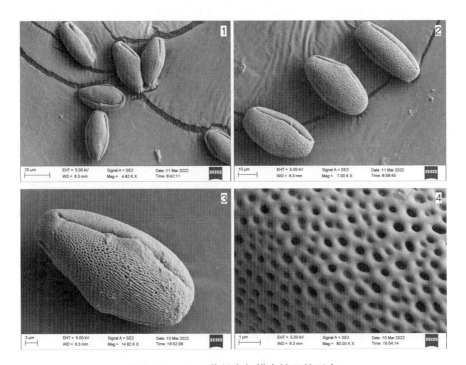

图 2-112　13-1 花粉在扫描电镜下的形态

Fig 2-112　The morphology of No.13-1 pollen by scanning electron microscope

1. 花粉群体　2. 花粉群体　3. 赤道面观　4. 局部放大

1. Pollen population　2. Pollen population　3. Equatorial view　4. Partial enlarged

29 苹果芒

苹果芒（Apple Mango），果实椭圆形，果皮光滑，平均单果重300～330g，无喙，无果窝。成熟时红色，果肉淡黄色至金黄色，纤维少。可溶性固形物含量为13.5%，可食率为77.8%。

该品种为圆锥花序，顶生，具雄花和两性花，雄花较小，花萼5裂，花瓣5。花盘肉质，5浅裂。花朵初期花瓣呈淡黄色，具3～5条黄色突起脉纹；后期花瓣颜色逐渐转变为浅紫色，脉纹加深至红褐色（图2-113）。

该品种花粉呈长球形，极轴长34.39μm±2.32μm，赤道轴长21.25μm±1.94μm，P/E为1.62。赤道面观呈椭圆形，具3沟，沟长达两极。外壁表面具条纹网状雕纹，形状不规则，网脊光滑连续（图2-114）。

图2-113 苹果芒花朵在超景深显微镜
下的形态

Fig 2-113 The morphology of Apple
Mango flower by super
depth of field microscope

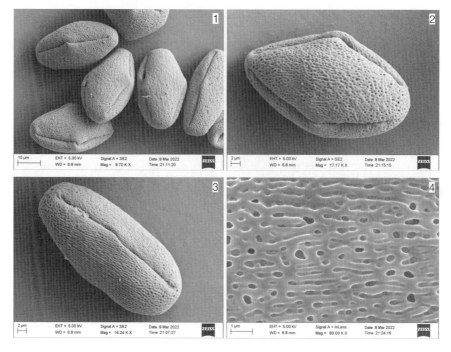

图2-114 苹果芒花粉在扫描电镜下的形态

Fig 2-114 The morphology of Apple Mango pollen by scanning electron microscope

1. 花粉群体 2. 赤道面观 3. 赤道面观 4. 局部放大

1. Pollen population 2. Equatorial view 3. Equatorial view 4. Partial enlarged

30 布鲁克斯

布鲁克斯（Brooks），果实椭圆形，果皮光滑，平均单果重260～300g，果喙点状，无果窝。成熟时绿色，果肉淡金黄色，纤维多。可溶性固形物含量为13.6%，可食率为82%。果核表面光滑、脉络平行，种仁长椭圆形，单胚。

该品种为圆锥花序，顶生，具雄花和两性花，雄花较小，花萼5裂，花瓣5～6。花盘肉质，5浅裂。花朵花瓣呈淡黄色，具黄色突起脉纹；花开放后期花瓣逐渐转变为紫粉色，突起脉纹加深至红褐色（图2-115）。

该品种花粉呈长球形，极轴长37.86μm±1.51μm，赤道轴长21.12μm±2.49μm，P/E为1.79。极面观呈近圆形，赤道面观呈椭圆形，具3沟，沟长达两极。外壁表面具网状雕纹，网眼形状和大小不规则（图2-116）。

图2-115　布鲁克斯花朵在超景深显微镜下的形态

Fig 2-115　The morphology of Brooks flower by super depth of field microscope

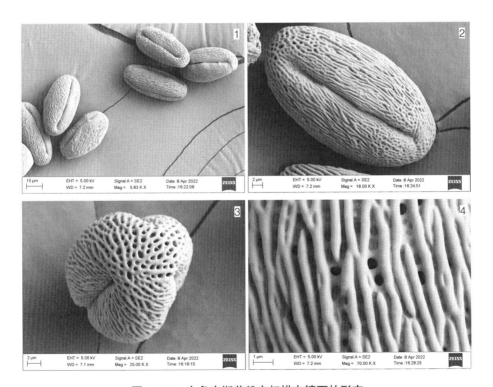

图2-116　布鲁克斯花粉在扫描电镜下的形态

Fig 2-116　The morphology of Brooks pollen by scanning electron microscope

1.花粉群体　2.赤道面观　3.极面观　4.局部放大

1. Pollen population　2. Equatorial view　3. Polar view　4. Partial enlarged

31 多特

多特（Dot），果实扁圆形，果皮光滑，平均单果重300～330g，无果喙，无果窝。成熟时浅绿色，果肉淡黄色，纤维中等。可溶性固形物含量为14.6%，可食率为75.2%。果核表面凹陷、脉络交叉，种仁椭圆形，单胚。

该品种为圆锥花序，顶生，具雄花和两性花，雄花较小，花萼4～5裂，花瓣5～6。花盘肉质，5浅裂。花朵花瓣呈淡黄绿色，具黄色突起脉纹（图2-117）。

该品种花粉呈长球形，极轴长29.19μm±1.51μm，赤道轴长20.38μm±2.07μm，P/E为1.43。极面观呈近圆形，赤道面观呈椭圆形，具3沟，沟长达两极。外壁表面具网状雕纹，网眼形状和大小不规则（图2-118）。

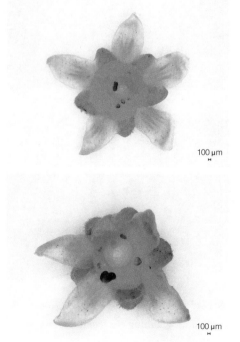

图2-117 多特花朵在超景深显微镜下的形态

Fig 2-117 The morphology of Dot flower by super depth of field microscope

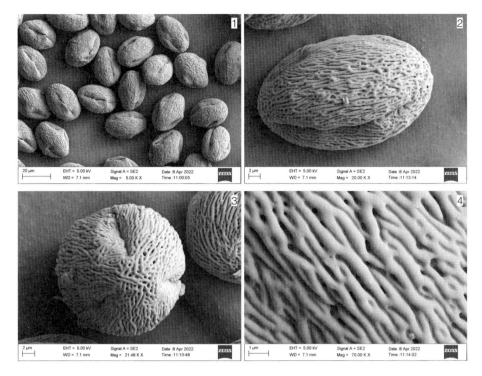

图2–118　多特花粉在扫描电镜下的形态

Fig 2–118　The morphology of Dot pollen by scanning electron microscope

1.花粉群体　2.赤道面观　3.极面观　4.局部放大

1. Pollen population　2. Equatorial view　3. Polar view　4. Partial enlarged

32　格雷厄姆

　　格雷厄姆（Graham），果实扁圆形，果皮光滑，平均单果重240～280g，果喙凸起，无果窝。成熟时黄绿色，果肉金黄色，纤维少，细腻汁多，有松香味，偏酸。可溶性固形物含量为13.2%，可食率为74.2%。果核表面凸起、脉络交叉，种仁椭圆形，单胚。

　　该品种为圆锥花序，顶生，具雄花和两性花，雄花较小，花萼5裂，花瓣5～6。花盘肉质，5浅裂。花朵花瓣呈淡黄色，具黄色突起脉纹（图2–119）。

　　该品种花粉呈长球形，极轴长29.33μm±1.81μm，赤道轴长19.81μm±1.47μm，P/E为1.48。极面观呈近圆形，赤道面观呈椭圆形，具3沟，沟长达两极。外壁表面具网状雕纹，网眼形状和大小不规则（图2–120）。

图2-119　格雷厄姆花朵在超景深显微镜下的形态

Fig 2-119　The morphology of Graham flower by super depth of field microscope

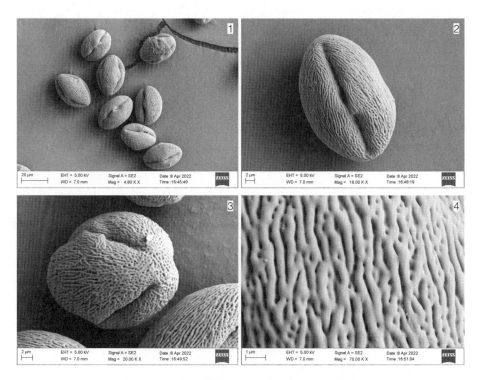

图2-120　格雷厄姆花粉在扫描电镜下的形态

Fig 2-120　The morphology of Graham pollen by scanning electron microscope

1.花粉群体　2.赤道面观　3.极面观　4.局部放大

1. Pollen population　2. Equatorial view　3. Polar view　4. Partial enlarged

33 佩里

佩里（Perry），果实长圆形，果皮光滑，平均单果重300～320g，果喙凸起，无果窝。成熟时浅绿色，果肉淡黄色，纤维多，果肉粗糙，汁多，有松香味，口感差，品质一般。可溶性固形物含量为15.4%，可食率为69.8%。

该品种为圆锥花序，顶生，具雄花和两性花，雄花较小，花萼5裂，花瓣5～6。花盘肉质，5浅裂。花朵花瓣呈淡黄色，具黄色突起脉纹（图2-121）。

该品种花粉呈长球形，极轴长39.19μm±1.42μm，赤道轴长18.12μm±2.44μm，P/E为2.16。极面观呈近圆形，赤道面观呈椭圆形，具3沟，沟长达两极。外壁表面具网状雕纹，网眼形状和大小不规则（图2-122）。

100 μm

100 μm

图2-121 佩里花朵在超景深显微镜下的形态

Fig 2-121 The morphology of Perry flower by super depth of field microscope

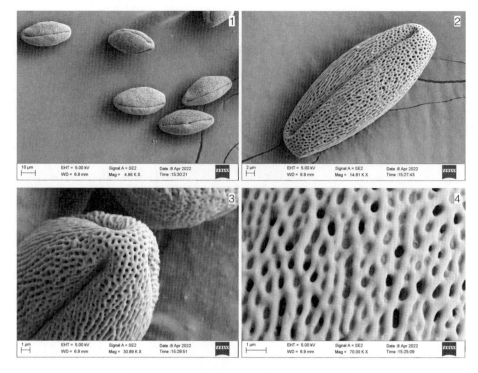

图2-122　佩里花粉在扫描电镜下的形态

Fig 2-122　The morphology of Perry pollen by scanning electron microscope

1.花粉群体　2.赤道面观　3.极面观　4.局部放大

1. Pollen population　2. Equatorial view　3. Polar view　4. Partial enlarged

参 考 文 献

蔡素炳，郑海东，洪旭宏，等，2012. 金煌芒果高产优质栽培技术 [J]. 中国热带农业（4）：
　　75-76.

冯奕玺，罗养，邹明珠，等，2001. 台农一号芒果引种试种初报 [J]. 云南热作科技（2）：
　　45-46.

黄国弟，赵英，李日旺，等，2013. 广西芒果种质资源与品种选育研究现状及策略探讨 [J].
　　中国热带农业（4）：47-49.

黄国弟，李日旺，陈豪军，等，2013. 芒果新品种"桂热芒3号" [J]. 园艺学报，40（11）：
　　2319-2320.

康专苗，黄海，李向勇，等，2021. 贵州红玉芒坐果后果实和叶片矿质元素的动态变化及
　　相关性 [J]. 经济林研究，39（1）：75-84.

李运合，金典生，孙光明，等，2010. 芒果种质资源保存研究进展 [J]. 中国农学通报，26
　　（20）：357-361.

海南大学高等职业技术学院，2004. 热带亚热带果树栽培学 [M]. 北京：中国农业出版社：
　　164-169.

罗世杏，黄国弟，庞新华，等，2021. 桂热芒3号在百色地区的生长情况调查 [J]. 农业研
　　究与应用，34（6）：20-24.

马蔚红，姚全胜，孙光明，2005. 芒果种质资源果实重要经济性状多样性分析 [J]. 热带作
　　物学报，26（3）：7-11.

欧世金，黄建芳，农建营，等，2007. 夏季重剪对红象牙杧枝梢生长、结果及果实品质的
　　影响 [J]. 中国南方果树（5）：33-35.

潘介春，李桂芬，方仁，等，2007. 紫花芒花芽分化的观察研究 [J]. 中国果树（5）：
　　11-14.

朱敏，高爱平，邓穗生，等，2016. 贵妃芒和台牙芒2个芒果品种主要性状比较 [J]. 中国
　　南方果树，45（6）：65-68.

张武，叶国聪，叶发祥，等，2017. 元谋芒果品种引种筛选与产业开发建议 [J]. 农业科学，
　　7（8）：578-585.

Engel K H，Tressl R，1983．Studies on the volatile components of two mango varieties[J]．Journal of Agricultural & Food Chemistry，31（4）：796-801．

Fernando R，Thomas L D，2016．Mango（*Mangifera indica* L．）pollination：A review[J]．Scientia Horticulturae，203：158-168．

Jabeen A，2016．Field and postharvest biology of dendritic spot and stem end rot of mango[D]．Brisbane：The University of Queensland．

Kim H，Banerjee N，Ryan C，et al，2017．Mango polyphen-olics reduce inflammation in intestinal colitis-involvement of the miR-126/PI3K/AKT/mTOR axis in vitro and in vivo[J]．Molecular Carcinogenesis，56（1）：197-207．

图书在版编目（CIP）数据

芒果种质资源雄花光镜与花粉扫描电镜图解 / 吴晓鹏，高爱平，徐志主编. —北京：中国农业出版社，2022.9

ISBN 978-7-109-30105-4

Ⅰ. ①芒…　Ⅱ. ①吴…　②高…　③徐…　Ⅲ. ①芒果—种质资源—图解　Ⅳ. ①S667.724-64

中国版本图书馆CIP数据核字（2022）第181151号

中国农业出版社出版

地址：北京市朝阳区麦子店街18号楼
邮编：100125
责任编辑：武旭峰　弓建芳
版式设计：杨　婧　责任校对：吴丽婷
印刷：中农印务有限公司
版次：2022年9月第1版
印次：2022年9月北京第1次印刷
发行：新华书店北京发行所
开本：700mm×1000mm　1/16
印张：6.75
字数：152千字
定价：68.00元